AF458936

UNIVERSITÉ DE PARIS. — FACULTÉ DE DROIT

LES SOCIÉTÉS

DE

CRÉDIT AGRICOLE

THÈSE POUR LE DOCTORAT

Présentée et soutenue le vendredi 23 juin 1899, à 10 heures

PAR

EUGÈNE SANDRON

PARIS

LIBRAIRIE NOUVELLE DE DROIT ET DE JURISPRUDENCE

ARTHUR ROUSSEAU, ÉDITEUR

14, RUE SOUFFLOT ET RUE TOULLIER, 13

1899

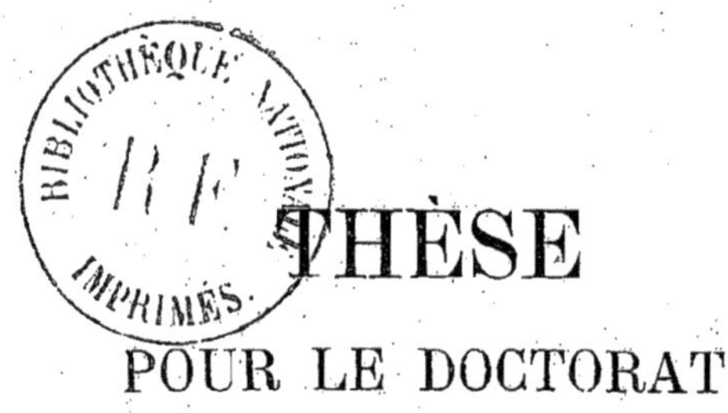

THÈSE

POUR LE DOCTORAT

La Faculté n'entend donner aucune approbation ni improbation aux opinions émises dans les thèses; ces opinions doivent être considérées comme propres à leurs auteurs.

UNIVERSITÉ DE PARIS. — FACULTÉ DE DROIT

LES SOCIÉTÉS

DE

CRÉDIT AGRICOLE

THÈSE POUR LE DOCTORAT

L'ACTE PUBLIC SUR LES MATIÈRES CI-APRÈS
Sera soutenu le vendredi 23 juin 1899, à 10 heures

PAR

EUGÈNE SANDRON

Président : M. THALLER.
Suffragants : MM. PLANIOL, *professeur.*
SOUCHON, *agrégé.*

PARIS
LIBRAIRIE NOUVELLE DE DROIT ET DE JURISPRUDENCE
ARTHUR ROUSSEAU, ÉDITEUR
14, RUE SOUFFLOT ET RUE TOULLIER, 13
1899

PARENTIBUS ET MEIS

A MES PARENTS, A TOUTE MA FAMILLE

LES SOCIÉTÉS
DE
CRÉDIT AGRICOLE

INTRODUCTION

LA CRISE AGRICOLE ET LES BESOINS DE CRÉDIT.

La question du crédit agricole ne s'est pas toujours posée ; bien qu'elle ne soit pas née d'hier et que des esprits généreux et distingués l'aient agitée depuis de longues années, on peut dire qu'elle est récente ; elle est loin d'être résolue. Il est assez curieux, en même temps qu'intéressant, de se demander pourquoi elle n'existait pas autrefois et quelles causes l'ont fait apparaître dans la seconde moitié de ce siècle. A des temps et à des besoins nouveaux correspondent des obligations nouvelles ; toute la réponse est là. Il fut un temps où la culture de l'ancien monde suffisait à nourrir ses habitants ; c'était une culture extensive, dans laquelle on pratiquait le système des jachères, et qui produisait presque exclusivement les objets de consommation.

La science agricole presque nulle ou très bornée n'avait pas alors fait de l'agriculture un art qu'il fallût apprendre. Le paysan cultivait par routine et les résultats médiocres obtenus ainsi sans méthode paraissaient suffisants. Ils l'étaient en effet, pour plusieurs raisons dont les principales à nos yeux sont le peu de développement du commerce extérieur, donc l'absence de concurrence, et les mœurs plus simples, les conditions d'existence moins coûteuses du paysan. Avec les progrès de la civilisation, des besoins de bien-être plus grands, un plus pressant souci du confortable, du luxe sont entrés dans l'esprit de l'agriculteur. La vie est devenue plus chère, parce que les exigences en sont devenues plus nombreuses et plus variées. En même temps que s'opérait ce changement dans le genre de vie de l'habitant des campagnes, une transformation plus profonde s'accomplissait dans le monde contre laquelle il allait avoir à lutter. Le nouveau continent mis en communication intime avec l'ancien lui avait emprunté ses méthodes de culture ; elles étaient rudimentaires ; il les perfectionna. Le commerce prit un développement considérable dans le cours de ce siècle, et les produits de l'Amérique en particulier firent irruption sur les marchés de l'Europe. Les transports devenant de moins en moins coûteux, la concurrence aux produits indigènes leur fut facile, si l'on considère que les terres vierges d'où ils provenaient n'exigeaient aucun engrais, que les frais de main-d'œuvre étaient infiniment peu élevés, et que l'outillage perfectionné dont on se sert dans les pays du nouveau monde permettait au producteur étranger, même en les cédant à bon marché, de réaliser de gros bénéfices sur la vente de ses denrées.

Après avoir donné aux pays neufs l'impulsion et l'exemple, l'ancien monde subit la concurrence avec désavantage. Obligée d'entretenir des armées formidables, l'Europe supporte des impôts énormes dont l'agriculture paie la plus forte part ; et, quoique accablé de charges, le paysan est forcé d'abandonner les produits du sol à bas prix, s'il ne veut pas leur voir préférer ceux qui arrivent de l'étranger. Un état de crise aiguë s'ensuit nécessairement dont il ne peut sortir qu'à une condition, c'est de produire plus en transformant ses méthodes de culture, et à moins de frais, en perfectionnant son outillage. Le système de la culture intensive et à grands rendements fait alors son apparition. La science a révélé les moyens de rajeunir en quelque sorte le sol et de lui donner une fécondité jusqu'alors inconnue. Les conditions de l'exploitation du sol se sont modifiées. « La chimie, dit M. Baudrillart (1), transforme à la lettre la terre en un laboratoire, et la terre-usine a pour conséquence inévitable l'agriculture-industrie. » Le cultivateur se rapproche ainsi de l'industriel et du commerçant ; les résultats qu'il acquiert sont surprenants, et lorsque la production augmente, le prix de revient diminue progressivement. Les frais généraux restant à peu près les mêmes, plus on dépense par hectare, moins on dépense par hectolitre récolté. Mais,

(1) *Le crédit agricole, Revue des Deux-Mondes* du 1er juillet 1891.

dans un sens absolu, la culture de plus en plus intensive exige des avances considérables, hors de proportion avec les ressources courantes de l'agriculture. Si l'agriculteur est obligé de produire beaucoup, il lui faut d'énormes capitaux; il est donc nécessaire qu'il jouisse d'un large crédit. « L'agriculture, dit l'exposé des motifs du projet « de loi de 1894, vient de traverser la première phase de « son développement progressif, celle qui consiste à fixer « scientifiquement les méthodes de culture, de façon à « tirer de ce merveilleux instrument qu'on appelle la terre « son maximum de rendement et à faire d'elle la première « de toutes les sources de richesses. Par le développe- « ment de l'enseignement agricole, l'État a vulgarisé tou- « tes les données de la science agricole, au point qu'il n'est « plus aujourd'hui un seul enfant de nos écoles primaires « qui ne soit en état de les comprendre. » Il n'y a donc plus maintenant qu'à donner à l'agriculteur le moyen de mettre ces données en pratique; ce moyen, c'est le crédit. C'est à la recherche de ce crédit que les économistes, les jurisconsultes et les législateurs se sont occupés depuis plus de cinquante ans, sans que l'on puisse aujourd'hui affirmer avec certitude qu'ils l'aient enfin solidement établi. « Tout, dit M. Baudrillart, a été dit sur la question du crédit agricole; il est temps de se mettre à l'œuvre. » Ce qu'on a dit et fait nous le verrons dans le cours de ce travail.

GÉNÉRALITÉS

NATURE DU CRÉDIT A ACCORDER A L'AGRICULTURE

Il importe tout d'abord de bien préciser quel genre de crédit il convient de créer en faveur des agriculteurs. Un fait incontestable, c'est que celui qui possède une fortune assez considérable n'a pas besoin d'un crédit spécial. La situation solidement établie qu'on lui connaît suffit à décider l'emprunteur. Le crédit à créer est donc surtout utile pour les agriculteurs peu fortunés. Il ne manque pas aux grands propriétaires, ni même aux fermiers qui offrent par leur situation ou leur fortune personnelle, des garanties de premier ordre devant lesquelles toutes les caisses sont toujours prêtes à s'ouvrir. Mais l'immense majorité de la moyenne et petite culture n'offrent pas les mêmes garanties, n'ont pas le même accès au crédit ordinaire et ne peuvent sortir de leur état précaire, faute de ressources qu'elles n'arrivent pas à se procurer. On a prétendu que la petite culture se ruinait en empruntant et d'éminents auteurs comme Rodbertus et M. Claudio Jannet soutiennent que la doter du crédit serait lui faire un cadeau dangereux. « Sans doute, dit ce dernier, l'agriculteur ne « trouve pas facilement à emprunter, mais est-ce bien à « souhaiter ? Les entreprises les plus solides, surtout les

« petites, sont celles qui se développent par leurs bénéfices « et sur leurs réserves. » Dans une discussion au Sénat de Belgique sur la même question, M. Lammens rappelait aux agriculteurs le conseil de la sagesse d'autrefois : surtout n'empruntez pas. Il nous semble qu'il y a beaucoup d'exagération dans ces opinions catégoriquement hostiles à l'emprunt. Il en est du crédit comme d'une foule d'autres choses ; c'est de l'emploi qu'on en fait qu'en vient toute la valeur. Le crédit n'est pas l'emprunt obligatoire, l'endettement forcé, c'est la faculté d'emprunter lorsqu'on en a besoin en vue d'un emploi rémunérateur pour le bon fonctionnement de ses affaires ; c'est une facilité pour une bonne et utile gestion. Le crédit agricole doit être un crédit dans l'avenir, non un crédit pour le passé ; il sera utile à l'agriculteur s'il sert à constituer ou à augmenter son capital d'exploitation ; utile au travailleur de la terre s'il l'aide à mettre cette terre en valeur et à la féconder. « Le crédit en général est une mauvaise chose, dit-on en« core, parce qu'on en peut abuser, et les agriculteurs « français ne sont pas capables d'en user avec mesure et « discernement ; il n'en faut donc jamais faciliter l'accès « au cultivateur. » Mais ce crédit dont on veut gratifier la petite culture, n'a-t-il pas pour objet immédiat de la soustraire aux dévastations de l'usure. Par les prêts qu'il contracte à bon compte, l'agriculteur ne va-t-il pas souvent éviter une saisie imminente (1) ? On objecte qu'en emprun-

(1) C'est ainsi qu'il faut entendre la pensée de Louis XV : « Le crédit soutient l'agriculteur comme la corde soutient le pendu. »

tant on ne fait que retarder cette saisie, inévitable paraît-il ? Qui donc peut prouver qu'elle soit inévitable ?

L'agriculteur, au moyen de l'emprunt, va refaire un peu sa fortune ébranlée par quelque catastrophe, une inondation, une maladie contagieuse ravageant un troupeau. Il va pouvoir augmenter, pour ce faire, ses moyens de production, acheter des engrais, de nouveaux bestiaux. Mais le crédit agricole doit s'entendre seulement du crédit de production et non du crédit de consommation. Le crédit en vue de la consommation est funeste ; le crédit en vue de la production est rémunérateur et bienfaisant. Le mot qui l'exprime a deux sens qu'il faut distinguer. M. de Laveleye montre la différence des deux acceptions qu'il comporte quand il dit : « La mère dit à son fils : n'achète rien « qu'argent comptant, le crédit c'est la ruine. — Le père « dit : le crédit c'est la vie de l'industrie ; s'il se refuse, « c'est la ruine. » La mère avait en vue le crédit de consommation ; le père pensait à celui de production, à celui dont il est utile de doter l'agriculture. « L'argent des au- « tres est l'élément du crédit. On peut s'en servir dans « deux intentions différentes : pour vivre, ou pour faire « ses affaires. C'est la formule de M. Léon Say. Il est tou- « jours ruineux dans le premier cas ; il est avantageux ou « non dans le second, suivant que les affaires sont profi- « tables ou ne le sont pas. Il faut condamner sans examen « les emprunts contractés pour les besoins de la vie ordi- « naire, et étudier les autres..... Le crédit se défie natu- « rellement des emplois non productifs ; il ne s'y prête

« que sous bonnes et solides garanties, à des conditions « toujours onéreuses pour l'emprunteur (1). »

Ce qui fait que le petit cultivateur ne trouve pas à se procurer les ressources dont il a besoin pour faire fructifier son patrimoine et augmenter le rendement de son exploitation, c'est qu'il est peu connu, qu'il manque d'exactitude à l'époque du remboursement et n'offre pas de garanties réelles sérieuses, mais c'est aussi, et c'est surtout, parce qu'il est l'objet d'une défiance invincible de la part du capitaliste persuadé que l'emprunteur des campagnes cherche de l'argent dans un but de « consommation » et non « d'industrie agricole », et cette conviction du prêteur, ainsi que le dit Capuano, « contredit, non seulement ses « propres idées, mais même toute idée juste en matière de « crédit ».

Nous ne résistons pas à la pensée de citer encore l'appréciation judicieuse d'un homme compétent en la matière, M. Leone Vollemborg : « Il y a une objection d'un carac« tère général et qui est bien sérieuse. Est-il utile de créer « le crédit rural ? Certaines sociétés d'agriculture, cer« tains agriculteurs autorisés, repoussent comme dange« reux tout crédit aux paysans, tout crédit ouvert à l'agri« culture.... C'est là préoccupation de s'arrondir, la fièvre « d'acquisition, la soif de la terre, qui amènent le paysan à « acheter à prix fou, à emprunter pour payer, à tomber « dans l'endettement qui le dévore. C'est un instrument

(1) M. Convert, *Le crédit agricole au Congrès international d'agriculture de* 1889, p. 101.

« précieux que le crédit, mais c'est aussi un instrument « dangereux. Y a-t-il lieu de nier l'effet fécondant que le « capital exerce sur l'exploitation rurale ? Bien loin de là. « Mais il faut faire du crédit *un usage rationnel* : voilà la « solution du problème. »

Pour faire du crédit un usage rationnel on ne l'accordera qu'en vue de dépenses de production, de dépenses rémunératoires. Il faut que le prêteur, loin de voir son argent employé à combler un déficit, un trou fait dans la fortune de l'emprunteur pour une dette antérieure, retrouve au contraire dans l'affectation qu'on lui a donnée une garantie solide, qu'il puisse dire par exemple en voyant une récolte ou un animal à l'engrais : voici ce qu'a produit la somme que j'ai prêtée, voici mon gage. L'agriculteur fait deux sortes de ces dépenses productives où quelque chose de réel, de palpable, indique quelle destination les fonds empruntés ont reçue et en garantit le remboursement ; il y a lieu de distinguer les dépenses d'acquisition ou d'améliorations permanentes et les dépenses d'exploitation.

Formes du crédit à accorder à l'agriculture. — Le crédit pourra être utilement consenti dans ces deux cas, mais il sera différent. S'il s'agit de dépenses d'acquisition ou de dépenses d'améliorations en vue de rendre la terre plus productive, telles que ouvrages d'art, construction de chemins, travaux de drainage, d'assainissement, de marnage, d'irrigation, etc., comme on est alors en présence de grosses avances dont le recouvrement sera lent et se fera par fractions, successivement, les garanties au moyen desquelles on en assurera le remboursement dont l'époque est souvent fort éloignée consisteront le plus souvent en un privilège ou en une hypothèque. C'est le crédit réel, immobilier, mais plutôt alors le crédit foncier accordé au propriétaire que le véritable crédit agricole conçu dans l'intérêt de la petite culture.

S'agit-il au contraire de dépenses d'exploitation, consistant en achat de semences, d'engrais, de bétail, de machines, etc., le délai de remboursement en étant beaucoup plus restreint et les avances moins considérables, les sûretés exigées de l'emprunteur consisteront en un gage ou privilège,ou en un cautionnement. Le crédit est alors qualifié réel mobilier, ou personnel, suivant les cas. Afin de préciser le genre de crédit que nous voulons étudier d'une façon spéciale, nous exposerons le plus brièvement possible les deux formes de crédit immobilier et mobilier qui constituent le crédit réel. Le crédit personnel que les sociétés de crédit agricole ont pour but de procurer sera examiné avec plus de détails.

Le crédit réel immobilier et mobilier. — Les premiers efforts qui ont été faits en vue de constituer le crédit agricole tendaient à faciliter l'emploi des garanties réelles toutes les fois, ainsi qu'il arrive, que celui qui cherche le crédit a des biens. Au nombre des garanties réelles immobilières il convient de citer l'hypothèque, le privilège immobilier, l'indemnité au fermier sortant. L'hypothèque constitue certainement une sûreté des plus solides ; c'est à elle que l'on a songé tout d'abord. Sur l'initiative du prince Louis-Bonaparte, un décret du 28 mars 1852 ordonna la fondation d'établissements de crédit foncier destinés à prêter à tous propriétaires d'immeubles sur hypothèques. Une banque foncière fut créée à Paris destinée à concentrer le crédit immobilier et à absorber les capitaux de l'agriculture ; en même temps qu'elle devenait l'unité d'action et de direction du crédit immobilier général, elle se transforme en Crédit foncier de France (6 juillet 1854). Mais on sait ce qu'est devenu le crédit foncier, comment il est sorti de son rôle, comment, institué pour venir en aide à l'agriculture, il a fini par restreindre ses opérations aux prêts urbains. « Vous savez, disait M. Viger au Sénat, « quels ont été au point de vue agricole les résultats du « crédit foncier ; le prêt hypothécaire a été de plus en plus « difficile pour nos paysans, pour nos petits cultivateurs, « et, en réalité, le crédit foncier a été plutôt un crédit immobilier urbain qu'un crédit immobilier rural. »

Le cultivateur emprunte cependant sur hypothèque, mais ce moyen est extrêmement coûteux ; tout le monde réclame une nouvelle législation sur ce point, particulièrement la réduction des formalités et des frais d'inscription et les inscriptions faites sur les immeubles ainsi que cela se pratique dans beaucoup de pays étrangers, à la différence du nôtre où elles sont faites aux noms des propriétaires. Le crédit foncier ou hypothécaire est de beaucoup le plus sûr et le plus solide, c'est celui auquel, absolument parlant, le prêteur voudra toujours placer ses capitaux, mais il faut, pour qu'il ne devienne pas trop écrasant pour l'emprunteur, que celui-ci puisse en répartir les charges sur un grand nombre d'années, c'est là une des raisons pour lesquelles le crédit hypothécaire n'est avantageux que dans les opérations à long terme. « Il ne convient pas « de recourir à l'hypothèque pour un emprunt rembour- « sable au bout de 2 ou 3 ans, tandis que l'hypothèque « est indispensable pour un emprunt remboursable au « bout de 20 ou 30 ans (1). » Le privilège immobilier est tout à fait particulier ; ce sera par exemple celui qui garantit la créance du vendeur d'immeubles, de l'architecte, ou de ceux qui ont fourni des deniers suffisants à désintéresser ces derniers.

Quant à l'indemnité dûe au fermier sortant, elle pourrait constituer au profit de celui-ci un moyen de crédit fortement garanti par les améliorations accomplies ; c'est une des questions à l'ordre du jour et souvent débattue depuis quelques années. « Si, dit M. Durand, la loi organisait le « droit à indemnité de telle sorte que le fermier puisse le « céder à un prêteur, il pourrait faire l'opération suivante : « il emprunterait les capitaux nécessaires à l'amélioration « projetée, en s'obligeant à amortir chaque année une « partie de sa dette. Pour tout le temps pendant lequel il « exploiterait le domaine, il donnerait au prêteur *un pri- « vilège conventionnel* sur ses récoltes, pour garantir le « paiement régulier des annuités. Puis, pour le cas où il

(1) L. Durand, *Le crédit agricole en France et à l'étranger.*

« cesserait d'exploiter le domaine, il céderait au prêteur « l'indemnité qui lui serait due par le propriétaire, et qui « serait proportionnelle au nombre des années restant à « courir jusqu'à l'amortissement de l'amélioration, c'est-« à-dire au nombre des annuités restant dues au jour de « l'expulsion du fermier. Si le principe de l'indemnité au « fermier pour amélioration devait être adopté, il serait « bien désirable que cette réforme de notre législation fût « faite de telle sorte qu'elle facilitât le crédit du fer-« mier. »

Des propositions de loi ont été faites depuis 1887 en vue de faire participer le fermier à la plus-value par lui procurée aux fonds loués. La dernière en date est celle de M. Lechevallier, député, ainsi conçue : « Proposition de loi ajoutant « une disposition additionnelle à l'article 1766 du Code « civil en vue d'assurer aux preneurs de baux à ferme le « partage de la plus-value qu'ils auraient donnée au fonds « loué. » Ainsi que le fait remarquer M. Lechevallier dans son exposé des motifs, l'étude de cette question met aux prises l'intérêt du propriétaire et l'intérêt du fermier. Mais l'intérêt du fermier, dans l'espèce, c'est l'intérêt de tout le monde, c'est l'intérêt public. « Le vote de la loi qui vous « est proposée, dit le rapporteur, serait certainement un « grand pas vers la solution de la question du crédit agri-« cole qui préoccupe à l'heure actuelle les esprits... Si la « loi en effet vient dire que les améliorations, les amende-« ments, les engrais, en un mot la plus-value que le fer-« mier a donnée à son exploitation ne sera pas perdue pour

« lui et lui sera payée en cas de sortie, cela constituerait « un gage presque aussi sûr que la propriété elle-même. « Et tous, même ceux n'ayant pas les *ressources nécessaires*, « pourront réaliser les premiers sacrifices et les progrès « réclamés par la culture intensive ; ils trouveront facile- « ment à acquérir à crédit instruments, engrais et amen- « dements dont ils auraient besoin. » La production étant plus abondante, il en résulte un bienfait général ; c'est à ce titre que le rapporteur a pu dire que l'intérêt public était en jeu.

« Par l'établissement d'une telle loi, dit M. Baudrillart, « on fait le bien du fermier, puisqu'il produit et gagne « plus ; on fait le bien du propriétaire, puisque son instru- « ment, sa terre valent davantage ; on fait le bien de la « nation, et, en pareille matière, l'intérêt général doit « peser d'un poids très lourd. »

La proposition répartit ainsi l'indemnité : 1/2 au fermier, 1/2 au propriétaire, sans que jamais la part du fermier puisse être supérieure à deux ans de fermage, et sauf faculté pour le propriétaire de réclamer une continuation de bail à déterminer par le juge entre 3 et 6 ans.

Le crédit mobilier, bien que reposant aussi sur des garanties réelles, diffère du crédit immobilier par la nature des objets donnés en garantie, et par le caractère des emprunts pour lesquels on y a recours. Il correspond, ainsi que nous l'avons déjà vu, à des dépenses remboursables dans un délai peu éloigné, à des dépenses d'exploitation et par ce côté il ressemble au crédit personnel. Nous étudierons spécialement le privilège du bailleur, du vendeur d'engrais et le gage. C'est surtout en matière de crédit mobilier que des efforts ont été faits par les différentes législatures qui se sont succédé en France depuis un demi-siècle en vue de constituer le crédit agricole. Le cadre de cet ouvrage ne nous permet pas de retracer les enquêtes, les études, les commissions et les rapports nombreux qui ont eu lieu sur la question depuis 1860. Tout ce mouvement aboutit du reste à peu de chose, puisqu'il se résume dans la loi de février 1889 restrictive du privilège du bailleur de fonds ruraux tel qu'il est établi par l'article 2102 du Code civil. Les auteurs de la loi faisaient remarquer que la garantie accordée au propriétaire était exorbitante et de nature à écarter les prêteurs qui pouvaient être tentés de mettre leurs capitaux à la disposition des fermiers. Le nouvel article du Code civil restreint le nombre d'années où le privilège peut s'exercer à deux années échues, l'année courante et une à échoir.

En ce qui concerne un privilège à accorder aux vendeurs d'engrais, un long débat s'engagea lors de la discussion de la loi. La Société d'agriculture s'était prononcée contre ce privilège réclamé à grands cris par les marchands d'engrais : en définitive, il ne fut pas inscrit dans la loi. On prit en considération cette idée que l'assiette d'un pareil privilège étant incertaine et arbitraire, subordonnée à des conditions qu'on ne pouvait prévoir, telles que les changements de température ou le mauvais emploi des engrais, il valait mieux ne pas le créer.

Enfin depuis 1857, on se préoccupa du moyen de rendre la constitution du droit réel de gage plus facile, plus commodément applicable à l'agriculture.

La fortune mobilière des agriculteurs est énorme ; pour beaucoup de fermiers, elle constitue presque tout le patrimoine. S'il leur était possible d'offrir ces richesses en gage, ils obtiendraient facilement le crédit dont ils ont besoin. Malheureusement l'article 2076 du Code civil est un obstacle à leur mise en gage ; il dispose : « Le privilège ne « subsiste sur le gage qu'autant que ce gage a été mis ou est « resté en la possession du créancier ou d'un tiers convenu « entre les parties. » S'il reste entre les mains du créancier, l'opération porte à proprement parler le nom de mise en gage ; dans le cas contraire, il y a le plus souvent dépôt dans un magasin général ; c'est une opération analogue au warrantage des marchandises en matière commerciale.

On peut concevoir deux espèces de gage : le gage légal qui s'opère au profit du bailleur et du vendeur auxquels un privilège est accordé sans qu'ils soient mis en possession ; il y a là une sorte de dérogation au principe général du nantissement en matière de gage ; nous verrons tout à l'heure qu'il en existe d'autres. Quant au gage conventionnel qui devrait assurer un crédit si solide à l'agriculteur, il ne s'établit que par le dessaisissement. Or, si, à raison de leur importance, les richesses que l'agriculteur pourrait constituer en gage (animaux, matériel, récoltes, approvisionnements) sont plus que suffisantes pour lui procurer les ressources qu'il sollicite, le mode de constitution de ce gage l'obligeant à se priver de ce qui lui est indispensable, paralyse ses intentions et rend ce moyen de crédit illusoire. On dut donc se préoccuper de faciliter le « gage sans dessaisissement » dans le but de fournir à l'agriculteur le crédit que lui procurerait la mise en gage de ses valeurs mobilières et cela sans le priver de la jouissance de ces objets. Indépendamment d'une discussion de mots, à notre avis futile, et reposant sur cette idée qu'il y a un non-sens dans l'expression « gage sans dessaisissement », puisqu'elle se réduit à celle-ci : « nantissement sans nantissement », une objection sérieuse a toujours été opposée à l'idée de constitution du gage sans déplacement. Il s'agissait de créer pour les meubles une institution analogue à l'hypothèque des immeubles ; mais on a objecté, non sans raison, que le défaut de stabilité des meubles et la règle « en fait de meubles possession vaut titre » ne permettant pas d'établir sur des bases solides le gage sans déplacement, l'assimilation n'était pas possible. Il est facile de citer dans la législation française au moins deux cas de gage sans déplacement ou, si l'on aime mieux, d'hypothèque sur meubles (l'hypothèque des navires et le gage sans dessaisissement des fonds de commerce) ; mais précisément, ce qui rend possible la constitution spéciale de ces deux sortes de gage, c'est la nature particulière des meubles qui en sont l'objet. Différents en cela des autres, ils ont une individualité bien caractérisée, nettement déterminée et non sujette à variations. Nous avons du reste cité deux autres espèces d'un gage légal sans déplacement. A notre avis, rien n'empêchait qu'on généralisât ; il était possible, par une description précise et détaillée, de caractériser exactement l'objet donné en gage et de faire cette déclaration sur un registre spécial au bureau d'enregistrement ou chez le juge de paix du canton. Cette constitution du gage sans déplacement a fait l'objet de nombreuses propositions de loi. Le 20 juillet 1882, M. de Mahy, ministre de l'agriculture, s'inspirant des conclusions de la commission extra-parlementaire de 1880, déposait un projet de loi dans ce sens. Ce projet rencontra une vive opposition au Sénat et fut combattu avec beaucoup d'énergie par M. Oudet qui parvint à le faire repousser (1). Il conte-

(1) Lors de la discussion au Sénat du projet de loi sur le gage sans dessaisissement déposé par MM. Léon Say et de Mahy, M. Oudet se montra énergiquement hostile à l'adoption : « Ce projet, je puis le dire avec « tout le respect que je dois aux membres de la commission, est l'organisation du discrédit universel, la constitution de l'usure, le dépouil- « lement avec exécution sommaire du cultivateur, du petit négociant, de « l'ouvrier, la perturbation incessante dans les fermages agricoles et les « locations urbaines ; c'est la destruction de toutes les règles, de tous les « principes tutélaires de notre droit civil en faveur de l'homme peu aisé, « du débiteur, de l'ouvrier, de la femme, de la famille, des gens de ser- « vice ; c'est le bouleversement de notre législation commerciale en ma- « tière de gage ; c'est en un mot, à prétexte de réforme, ce que, dans au- « cun pays, on n'a jamais vu (V. depuis en Italie, en Belgique, en France), « et ce que, j'espère bien, nous ne verrons pas chez nous à moins d'avoir « perdu le sens commun... »

M. Oudet exagérait certainement beaucoup ; il ne s'agit pas de renversement ni de destruction des principes tutélaires de notre droit civil. Comme le dit fort bien M. Durand : « Tous les contrats que le Code a permis, « nous continuons à les permettre, sans modifier leurs règles, sans chan- « ger leur portée, sans dénaturer leurs effets. Tout ce qu'il a prohibé, « tout ce qu'il a considéré comme contraire à ses principes et à l'ordre « public tel qu'il le comprenait, tout cela, nous continuerons à l'inter- « dire. Seulement, il y a une lacune ; il y a un besoin nouveau qu'il ne « prévoyait pas à une époque où les biens meubles n'avaient pas l'impor-

nait du reste d'autres dispositions dont deux seulement ont passé dans la loi de février 1880, celle relative à la restriction du privilège du bailleur, citée plus haut, et une autre relative à l'attribution en cas d'incendie de l'indemnité d'assurance aux créanciers.

Depuis l'échec qu'elle rencontra au Sénat en 1889, l'idée du gage sans déplacement a eu un meilleur sort ; elle a été renouvelée par M. Antonin Proust dans une proposition de loi déposée sur le bureau de la Chambre des députés le 25 octobre 1890 ; elle a enfin tout récemment été reprise avec succès par M. Delaunay le 13 mars 1897. Avant d'étudier la loi du 18 juillet 1898 qui la consacre, nous dirons quelques mots du gage par dépôt dans un magasin général, parce que la loi sur les warrants agricoles nous paraît avoir créé un organe destiné à remplacer ce que l'on avait pu concevoir en matière de gage entendu sous ses deux formes. Le cultivateur pouvait avant cette loi warranter ses récoltes comme le commerçant ses marchandises. Mais il n'y a jamais eu en France d'organisation spéciale dans ce but ; rien n'existe dans ce pays semblable aux « elevators » américains, vastes établissements admirablement disposés où les céréales viennent s'accumuler pour servir de garantie aux prêts consentis à

« tance qu'ils ont aujourd'hui. A ce besoin nouveau, il faut une règle « nouvelle : nous nous proposons d'inscrire à côté des privilèges recon- « nus par le Code civil un nouveau privilège de même nature, soumis « aux mêmes règles de droit commun que les autres. Est-ce donc là une « innovation si importante qu'elle puisse modifier « l'ordre civil et social « que le Code nous a donné. »

ceux qui les y viennent déposer. Elles y sont travaillées, passées au trieur et préparées pour la vente. Des récépissés sont délivrés aux déposants ; les warrants, délivrés dans des conditions identiques en matière commerciale, courent les marchés. Des propositions de loi ont été faites en France ayant pour objet la création de docks-greniers ou magasins généraux analogues aux élévateurs américains. Les auteurs demandaient qu'on les établît auprès des lignes de chemins de fer et que même, ainsi que cela se pratique en Amérique, les compagnies en prissent la direction et les construisissent à leurs frais. MM. Martinon et Méline avaient présenté, le 3 décembre 1891, un projet de loi ayant pour objet l'établissement de docks-greniers et la création de certificats de grains négociables remplaçant les récépissés et warrants. Ce projet a été de nouveau déposé par M. Martinon sur le bureau de la Chambre le 28 octobre 1897. La loi sur les warrants agricoles votée peu de mois après nous paraît en avoir diminué considérablement l'utilité. Encore inconnue du monde agricole, elle vise la création et la négociation de warrants agricoles avec la constitution du gage à domicile. Il y a là un contrat de gage d'une espèce toute particulière dont les avantages peuvent être considérables. Le rapporteur de la commission chargée d'examiner la proposition Delaunay la résume ainsi : « 1° Procurer aux agriculteurs, par « la constitution pratique et sans frais d'un gage sérieux, « la possibilité d'obtenir plus facilement le crédit qui leur « est nécessaire, notamment pour bénéficier réellement

» des dispositions de la loi du 5 novembre 1894 sur les «Sociétés de crédit agricole ; 2° Eviter qu'aussitôt sa ré« colte faite, l'agriculteur ne soit obligé, pour se procurer « des fonds, de vendre à tout prix des produits qu'il au« rait pu écouler plus tard, en attendant un moment « favorable, dans des conditions plus avantageuses ; 3° Re« médier à l'avilissement des cours, qui résulte nécessai« rement à certaines époques de l'apport simultané sur le « marché de la production du pays tout entier. » M. Méline, ministre de l'agriculture et président du Conseil, fit étudier et modifier le projet Delaunay par une commission et le présenta à la Chambre le 28 octobre 1897. L'adoption définitive par le Sénat et le vote de la loi eurent lieu en juillet 1898.

Sans doute, le cultivateur pouvait théoriquement, avant cette loi, warranter ses récoltes, comme le commerçant, ses marchandises. Mais en pratique, une pareille opération eût été désastreuse, à cause de l'éloignement de ses produits du magasin général, des frais de transport et des droits de magasinage à payer, à cause aussi des impôts. D'autre part, nous avons vu que le crédit agricole mobilier, à raison de la nature des objets mis en gage, ne pouvait s'établir d'après les principes du Code civil. La loi nouvelle permet l'extension du warrant aux avances sur dépôt de certains produits agricoles déterminés dans l'article 1er, sans déplacement de ces objets. Désormais (et c'est là la grande innovation de la loi), *le domicile du producteur* est constitué en *lieu de dépôt jouissant* du privilège jusque là réservé aux magasins généraux. La publicité de la mise en gage se fait par l'inscription des warrants délivrés au registre du greffe de la justice de paix. Le warrantage est limité aux produits récoltés ; il ne peut s'appliquer aux récoltes pendantes par racines. Les raisons de cette particularité ont été données lors de la discussion de la loi ; elles sont basées sur l'intérêt du propriétaire dont le privilège a pour meilleure garantie la récolte sur pied, sur celui du prêteur dont le gage doit être le moins aléatoire possible et enfin sur l'intérêt de l'agriculteur lui-même « dont il ne faut pas, ainsi que le disait le rapporteur, « encourager inconsidérément les emprunts ».

Comme toute innovation, cette création législative est encore inconnue du monde des campagnes ; on ne peut donc apprécier dès maintenant les résultats qu'elle est appelée à produire. Il est désirable qu'elle ne trompe pas l'attente de ses auteurs et qu'elle favorise largement le crédit agricole.

DU CRÉDIT PERSONNEL.

Nous abordons la forme vraiment intéressante du crédit, celle qui a sa source et qui emprunte toutes ses garanties à l'individualité de l'emprunteur. « Le crédit personnel, « disait M. le député Lasker lors de l'enquête hypothécaire « allemande de 1868, prend en considération les qualités « personnelles du débiteur, son activité, son application « au travail, sa ponctualité, etc., choses que peut seul « connaître celui qui est en relations intimes avec le débi- « teur : au second plan, paraît l'ensemble du patrimoine, « avec plus ou moins d'importance. Mais ce patrimoine « n'a de valeur qu'en considération des qualités morales ; « car il est bien connu, par exemple, que beaucoup de « personnes préfèrent accorder du crédit à un homme qui « a très petit patrimoine, mais qui n'est pas processif, « qu'à un homme peut-être beaucoup plus riche, mais « qui aime la chicane. Le crédit personnel a donc pour « base l'ensemble de la personne et du patrimoine. »

Basé sur la moralité d'une seule personne, sur l'ensemble de la personne et du patrimoine d'un seul individu, il s'appelle à proprement parler crédit personnel ou aussi crédit individuel. S'il repose au contraire sur la valeur morale de plusieurs individus offrant réciproquement en garantie leurs qualités personnelles de travail, d'ordre et de ponctualité, on est alors en présence du crédit personnel entendu dans un sens plus large et qu'on pourrait appeler collectif. De cette association d'êtres qui viennent répondre les uns pour les autres résulte une sûreté de premier ordre qui n'est au fond qu'un ensemble de garanties personnelles se fortifiant l'une par l'autre. Le principe de cette sûreté c'est la mutualité.

Nécessité d'une législation spéciale en matière de crédit agricole. Mutualité et coopération. — L'agriculteur ayant, comme tout le monde, le droit de recourir à ces trois sortes de crédit, immobilier, mobilier et personnel, que nous venons d'étudier, il y a lieu de se demander pourquoi il était besoin de créer en sa faveur une législation nouvelle. C'est que, en ce qui concerne le crédit immobilier et immobilier, très souvent, ou la constitution des sûretés est coûteuse, ou elle est impossible, parce que l'agriculteur est pauvre, et, quant au crédit personnel qui sera la plupart du temps le seul utile, celui dont l'agriculteur a besoin, il offre des caractères originaux ; c'est un crédit d'un genre particulier. C'est en vain que l'on a voulu copier ici le crédit commercial et les banques de commerce. Le papier commercial se transmet en même temps que se fait l'échange des marchandises. Les maisons de banque le reconnaissent et l'empruntent parce qu'il est à échéance de trois mois au plus et que la réputation du commerçant est de notoriété publique. La marchandise d'ailleurs est en cette matière une sorte de gage, de garantie de la valeur du papier. Le papier agricole, au contraire, n'a de valeur représentée qu'en espérances, à l'état virtuel. La semence achetée ne produira qu'à long terme, et la garantie fournie par la récolte future court des chances de devenir illusoire, par exemple en cas de sinistre. La commercialisation des billets à ordre ayant une cause agricole procurerait au prêteur les garanties de la loi commerciale, notamment la compétence des tribunaux de commerce, une procédure sommaire, l'accès de la Banque de France. Mais il ne faut pas oublier que la Banque de France n'admet à l'escompte que des billets payables à trois mois et avec la garantie de trois signatures. Il était donc nécessaire de créer un crédit agricole spécial, à l'aide d'établissements prêtant dans des conditions peu onéreuses, pour un délai suffisant, celui qui doit s'écouler entre le moment où l'on a fait les dépenses qui ont nécessité l'emprunt et celui où se font les recettes qui serviront à le rembourser, et sous une garantie relativement plus facile à obtenir que les trois signatures. « Le législateur tourna ses regards du « côté du crédit personnel, fondé sur l'intelligence, l'esprit « d'ordre, la probité de l'emprunteur. Il chercha un moyen « de fortifier ce crédit, en donnant des garanties au prê- « teur, en ramenant les capitaux vers l'agriculture dont ils « ont une tendance à s'éloigner, et en leur procurant un « revenu rémunérateur. Ce moyen il le trouva dans la « mutualit. Il est difficile pour le capitaliste, éloigné des « pays où l'argent est nécessaire, de se rendre un compte « exact des qualités personnelles de l'emprunteur, de son « esprit d'économie, de connaître ses profits possibles et « d'apercevoir les chances de remboursement. Cette appré-

« ciation ne peut être sainement faite que par les gens de « la même localité qui vivent côte à côte, ont sur leur « solvabilité réciproque des renseignements précis, et qui « peuvent se fier sûrement à la promesse de l'emprun- « teur. Il est permis de supposer que des associations se « formeront entre personnes habitant le même pays, que « ces personnes se choisiront pour se procurer le crédit « dont elles ont besoin. Le crédit mutuel est préférable à « celui que l'on peut obtenir des banques ou des particu- « liers. C'est, qu'en effet, si celui-ci est concèdé trop lar- « gement, l'emprunteur peut en abuser, engager son capi- « tal et courir à la ruine. Le crédit mutuel sera accordé « avec plus de réserve, ceux qui le concèdent, connaissant « les ressources de celui qui le sollicite, restreindront la « concession aux besoins présumés; une surveillance réci- « proque s'établira (1). »

La fonction du crédit est de rapprocher le capital du travail ; il faut qu'il soit entouré de garanties assez solides pour déterminer les possesseurs du capital à le prêter ; la banque mutuelle, l'association coopérative de crédit mutuel est l'organe intermédiaire qui est chargé de traduire cette fonction en acte. C'est la première fois que nous employons cette expression « association coopérative ». Nous

(1) M. Arthuys, *Revue critique de législation et de jurisprudence*, 1895, p. 320. Il y a dans tout ce passage, en même temps que l'éloge et l'exposé des avantages des associations mutuelles, la critique de la création d'un établissement de banque centrale souvent proposé. Cet établissement tenu trop à l'écart des emprunteurs, leur aurait été rarement utile. C'est par en bas, comme l'a si souvent répété M. Méline qu'il faut créer le crédit agricole.

allons examiner en quelques mots l'idée générale que l'on s'est faite de la coopération, sauf à étudier plus tard le principe nouveau qui tend à s'en dégager aujourd'hui. « Coopérer, dit M. Thaller (1), ne signifie point opérer ensemble, mais travailler avec. La société coopérative est « celle qui travaille avec ses propres associés. L'associé y « occupe un double rôle. Il est à la fois : 1° membre de la « société dont il court les risques avec un droit dans les « bénéfices ; 2° d'autre part, il est tantôt le client d'affaires et tantôt l'agent de main-d'œuvre de cette même société. » « Ce cumul de rôles tend, selon les cas, à des « buts économiques variés. Mais ce qu'il se propose toujours, c'est la suppression d'un intermédiaire, afin de « procurer ici un rabais de prix, là une hausse de salaires. » Dans les sociétés coopératives de crédit, c'est bien à la suppression d'un intermédiaire qu'aboutit la coopération ; supprimant le banquier qui reçoit les dépôts des uns pour prêter aux autres à gros intérêts, l'association coopérative le remplace au plus grand bénéfice des premiers qui touchent un intérêt plus élevé de l'argent qu'ils lui confient et des seconds auxquels elle prête dans des conditions beaucoup moins onéreuses, à un taux moins lourd, moins usuraire. Dans les sociétés coopératives, il y a deux éléments profondément distincts : le capital et le travail. Tous deux jouent un rôle important dans le fonctionnement des sociétés, mais le second est de beaucoup le plus

(1) *Traité de droit commercial*, p. 368.

considérable. Ainsi que le disait M. Forcade la Roquette, défenseur du projet de loi sur les sociétés à capital variable du 24 juillet 1867, « il faut dans ces sociétés une « somme de vertus bien supérieure à la somme des capi- « taux ». Plus ces vertus sont nombreuses et fortes, plus la coopération aura de puissance et de vitalité. On peut concevoir des sociétés coopératives où il entrerait des membres capitalistes, c'est-à-dire ne travaillant pas. Quoi qu'il en soit, outre un intérêt proportionnel à leurs apports, les capitalistes partagent les bénéfices avec ceux qui font des opérations de crédit et sont en même temps associés. Telle est l'ancienne conception de la coopération. Nul autre qu'un associé ne peut prendre part aux profits réalisés et les capitalistes eux-mêmes touchent des dividendes. Nous verrons plus loin à quels remaniements ce principe est soumis par une nouvelle école d'économistes, sous l'inspiration du professeur italien Vivante.

Avant la loi du 5 novembre 1894, il existait un grand nombre de Sociétés coopératives de crédit tant à l'étranger qu'en France. Nous allons faire une étude succincte de ces institutions.

LES SOCIÉTÉS COOPÉRATIVES DE CRÉDIT AGRICOLE EN ALLEMAGNE ET DANS QUELQUES AUTRES PAYS ÉTRANGERS.

En Allemagne, le crédit agricole basé sur la mutualité fortifiée par l'engagement solidaire a pris un énorme développement dans la seconde moitié de ce siècle (1). On

(1) La législation allemande relative aux « associations coopératives d'industrie et d'économie » est contenue dans les lois des 4 juillet 1868 et 1er mai 1889. L'article 12 de la loi du 4 juillet 1868 établit la solidarité. « Tant que les créanciers ne peuvent pas être satisfaits par le fonds « social de l'association, tous les associés sont tenus envers eux pour les « non-valeurs solidairement et sur tous leurs biens. »

Il peut y avoir un conseil de surveillance, mais il n'est pas imposé par la loi ainsi qu'il résulte de l'article 28.

Enfin dans l'article 38, la loi dispose que « tout sociétaire a le droit « de sortir de l'association même quand l'acte constitutif a été fait pour « un temps déterminé ».

La loi du 1er mai 1889 modifia sur plusieurs points la législation existante ; notamment, elle restreignit l'étendue de la responsabilité des associés qu'elle limite à une ou plusieurs fois la mise.

Elle impose « un conseil de surveillance et une direction composés « d'associés « (art. 9).

Elle fixe d'une façon précise le moment à partir duquel un associé fait partie ou cesse de faire partie d'une société coopérative. La sortie ne peut avoir lieu d'après l'article 63 qu'après dénonciation faite trois mois à l'avance à la fin de l'exercice annuel.

Enfin la Commission chargée d'étudier le projet de loi eut à examiner la question de savoir si la société pourrait faire des opérations en dehors de ses membres, avec des tiers, contrairement à l'art. 1er de la loi de 1868. Elle la résolut affirmativement.

(V. pour cette loi, dans l'*Annuaire de Législation étrangère* (1890), la notice de M. Drioux, p. 167 et suivantes.)

cite trois types principaux de Sociétés coopératives de crédit : les associations d'avances ou Vorschussvereine de Schulze-Delitzsch, les Caisses de prêts de Raiffeisen ou Darlehenskassen et une variété mixte qui emprunte des caractères à chacune de ces espèces d'associations, les sociétés de crédit du Dr Haas dont le siège est à Offenbach. En avril 1897, on comptait en Allemagne 9.938 associations de crédit dont :

	3.005	Schulze-Delitzsch.
	2.447	Dr Haas.
	2.245	Raiffeisen.
	2.241	diverses.
Total.	9.938	

La force de ces associations c'est la solidarité des membres qui les composent.

Les Vorschussvereine. — « Ce n'est pas, dit M. Durand, « pour ceux qui possèdent des capitaux susceptibles de « former le fonds social d'une Société que sont créées les « Vorschussvereine, mais bien pour les pauvres gens qui « ne disposent pas de ressources assez abondantes pour « participer à une association de capitaux et qui ne peu- « vent faire partie que d'une association de personnes qui « apportent chacune en garantie leur honnêteté et leur « travail. Le Vorschussverein n'a pas pour but de rempla- « cer les sociétés de capitalistes, mais de mettre ses mem- « bres en état d'y entrer un jour. Aussi dans les pays où « la solidarité n'a pas été admise comme base des ban- « ques populaires, en Italie et en Angleterre, par exem-

« ple, elles ne peuvent recruter leurs membres dans les « classes les plus déshéritées au point de vue de la for- « tune, elles ne prêtent leur appui qu'à ceux qui possè- « dent déjà un petit avoir, et leur action sociale est moins « profonde que celle des Vorschussvereine allemands. »

Les Vorschussvereine n'ont pas conservé intacts, il est vrai, dans le cours de leur développement, les principes rigoureux qui en formaient primitivement la base. Dans la pensée de l'innovateur Schulze qui fonda la première association de ce genre en 1850, la solidarité entre les membres de l'association était absolue et les prêts ne pouvaient être consentis qu'aux seuls associés. Par la suite, la solidarité n'eut plus la même étendue ; la loi du 1er mai 1889, à la préparation de laquelle Schulze-Delitsch avait beaucoup travaillé, fit une large brèche à ce principe rigoureux ; le créancier non remboursé ne peut plus demander le paiement de tout ce qui lui est dû à l'un des membres de l'association ; il doit diviser son action ; chacun n'est tenu que de sa quote-part, et jusqu'à concurrence de une ou plusieurs fois son apport, non seulement comme contribution définitive mais comme obligation à la dette née du prêt. On fut d'autre part obligé d'admettre, pour ne pas laisser des capitaux inoccupés, que le Vorschussverein pourrait à l'aide de ces capitaux disponibles faire des opérations avec les étrangers.

Du reste les Vorschussvereine empruntent le plus souvent eux-mêmes les capitaux dont ils disposent. Toutefois, il y a nécessairement un fonds social, si minime soit-il, formé par les apports des membres de l'association et, au point de vue économique, ce fonds social offre une garantie sérieuse, non pas seulement une garantie matérielle mesurée à son montant, mais une sûreté morale solide résultant de cette idée que tous les apports dont se compose le capital du Vorschussverein sont le fruit du travail, de l'épargne, et qu'en conséquence ceux qui l'ont fourni sont des gens économes en qui la confiance peut être grande sans crainte d'être déçue. Le capital social se divise en deux parts : le montant des apports en capital d'apport proprement dit et la réserve constituée au moyen d'une partie des bénéfices annuels. Les parts sont relativement élevées, souvent de 200 thalers (750 fr.). Chaque membre n'en peut posséder qu'une seule et le versement peut en être fait mensuellement par fractions. La participation aux bonnes ou aux mauvaises opérations de la société est proportionnelle au montant des sommes versées. Cette façon de faire son apport petit à petit nous paraît être une caractéristique remarquable de l'idée d'économie qui a présidé à la création des Vorschussvereine ; elle semble indiquer, en effet, que c'est par une épargne intelligente et progressive que se constitue le capital social. C'est bien vraiment cette conception de l'épargne qui fait la base et qui a été l'inspiratrice des associations d'avances.

D'ailleurs il faut avoir, à l'aide de ces versements partiels, réalisé une somme minima pour concourir à la distribution des dividendes, et même après le versement de cette somme, on ne peut y avoir droit que proportionnellement au montant des versements effectués, chacun n'étant récompensé que dans la mesure où il a coopéré par son capital aux résultats obtenus. Cette disposition, jointe à une autre qui proportionne le crédit à accorder au versement fait, détermine ceux qui le peuvent à faire leur apport en une seule fois.

Le Vorschussverein a un double but : procurer le crédit et encourager l'épargne. Mais l'un de ces buts est toujours plus ou moins sacrifié à l'autre. Voulant peut-être avant tout favoriser l'épargne, le Vorschussverein n'accorde le crédit qu'à des conditions fort onéreuses. Le taux du prêt est fort élevé ; il est désirable que les travailleurs puissent former la grande majorité des membres de l'association. Si c'étaient des capitalistes, ceux-ci profiteraient de ce taux considérable et le but de l'association serait manqué. Un choix sagement fait du montant maximum des parts permet aux gens de petite aisance de se procurer une part, la seule qu'une personne puisse prendre ; ce maximum est fixé généralement entre 100 et 200 thalers (375 et 750 fr.). Pour se procurer les capitaux nécessaires à son fonctionnement en dehors du fonds social, le Vorschussverein peut recourir à la Banque commerciale. Mais comme les conditions des prêts consentis par celle-ci sont souvent fort onéreuses, comme aussi l'association peut se trouver à la merci des crises possibles dans lesquelles la Banque réserve son argent, il est important qu'elle se crée une clientèle de déposants. Opérant comme une véritable caisse d'épargne, elle accepte les dépôts les plus minimes, les fruits de l'économie de l'ouvrier. Ces dépôts sont tous retirables à vue. Nous avons dit que les associations d'avances sont à la fois des caisses d'épargne et des caisses de prêts. En tant que caisse d'épargne, le Vorschussverein est ouvert à tous : en tant que prêteur, il n'est ouvert en principe qu'aux membres de l'association ; en cas d'excès de capitaux seulement, il traite avec des étrangers. Mais il suffit que ce droit lui soit accordé pour qu'on puisse le considérer comme une banque dont l'accès est possible à tout le monde.

Un principe posé par Schulze-Delitzsch et qui est en opposition formelle au point de vue du fonctionnement avec le système admis dans les caisses de prêts Raiffeisen, c'est que « on ne peut jamais accorder à ses clients un « terme plus long que celui dont on jouit soi-même ». Ce principe, basé sur une conception fausse du jeu des opérations de crédit, conduit les associations d'avances à ne consentir des prêts que pour trois mois.

Outre les dépôts qu'il reçoit, le Vorschussverein peut ouvrir des comptes courants ; c'est encore un moyen d'augmenter son fonds de roulement.

Une autre différence profonde et regrettable avec les caisses de Raiffeisen, consiste dans la rémunération des fonctions. Les administrateurs touchant un traitement prélevé sur les bénéfices sont tentés de spéculer ; ils peuvent le faire d'autant plus facilement que les prêts aux étrangers sont quelquefois possibles en principe et souvent pratiqués en fait. Le grand commerce en particulier est

pour les Vorschussvereine une clientèle dangereuse, parce que, ceux-ci prêtant à un taux fort élevé, si les grands commerçants s'adressent à leurs guichets, c'est que les banques ordinaires les tiennent en suspicion. Le Vorschussverein prête souvent sur garantie : caution, gage, hypothèque. M. Durand termine ainsi son étude sur les Schulze-Delitzsch : « Telles sont les opérations des Vorschussvereine :
« Prêts sur obligation non endossables et escomptes de let-
« tres de change, avec garantie d'une caution ou d'un gage,
« ouverture de crédit en compte courant, avec garantie
« hypothécaire, gage ou caution. Ce sont là, somme toute,
« toutes les opérations de banques commerciales, dont ils
« ne se distinguent que par leur clientèle. Mais cette clien-
« tèle est celle qui paie les plus lourds intérêts. Au début,
« l'intérêt et les provisions réunies atteignaient habituel-
« lement 14/3 0/0. Depuis, le taux s'est généralement
« abaissé à 10 0/0 et parfois même plus bas jusqu'à 7 0/0.
« Nous n'hésitons pas à déclarer que ce sont là des taux
« absolument exagérés, beaucoup trop lourds pour n'im-
« porte quel emprunteur, mais particulièrement odieux,
« lorsqu'ils pèsent sur les pauvres gens qui forment la
« clientèle normale des Vorschussvereine (1). »

Nous avons déjà dit que ces associations sont presque toutes sorties du cadre primitif qu'avait tracé leur fondateur, qu'elles ont modifié la portée d'application qu'il entendait leur donner ; en particulier une loi de 1889 a transformé les Vorschussvereine originaires, reconnus antérieu-

(1) L. Durand, *Le crédit agricole en France et à l'étranger*.

rement, en 1868, comme sociétés régulières commerciales. Instituées pour faciliter le crédit et favoriser l'épargne, les associations d'avances ont mieux réalisé le second but. Malgré l'engouement dont elles sont l'objet, malgré des statistiques élogieuses, il faut reconnaître qu'elles ne manquent pas d'inconvénients, principalement en ce qui concerne la composition de la clientèle, l'élévation des dividendes et des intérêts, la durée trop restreinte des prêts, l'obligation de rembourser en une fois, etc.

Du reste on ne saurait nier que les résultats obtenus n'ont pas toujours été sans mélange de revers ; de 1875 à 1886 par exemple sur 1000 Vorschussvereine il y a eu 36 faillites et 174 liquidations.

Les *Darlehenskassen*. — Les caisses de prêts de Raiffeisen sont nées à la même époque que les Vorschussvereine. La première association de ce genre a précédé d'une année l'œuvre de Schulze-Delitzsch, elle fut fondée en 1859 par M. Raiffeisen, alors bourgmestre de Weyerburg.

Les débuts en furent pénibles à cause de la défiance des populations agricoles chez qui elle s'implantait, à cause aussi de l'absence de fonds social et du peu d'étendue et d'importance de la localité où elle était appelée à fonctionner. Aujourd'hui le relevé des statistiques affirme et met au grand jour le magnifique développement qu'ont pris ces institutions et l'on ne peut approuver sur ce sujet l'opinion de M. Georges Turlin qui, dans le numéro du « Cultivateur » du 10 août 1890, s'exprimait ainsi: « Il n'y a pas « de sentiment à faire en matière d'argent, surtout quand

« il s'agit de faire grand ; en faisant appel aux sentiments « de fraternité, de bienfaisance, on arrivera peut-être à « créer des caisses Raiffeisen, mais on n'obtiendra pas un « succès comparable à celui des banques populaires. »

L'unique point de ressemblance existant entre les Vorschussvereine et les Darlehenskassen, c'est l'étendue de l'engagement des associés, la solidarité. Comme celles-là les caisses de prêts poursuivent un double but, mais qui n'est pas le même dans ses deux applications, elles donnent aussi le crédit et seulement aux populations agricoles, mais elles exercent en même temps sur ces populations une influence morale ; elles agissent au point de vue matériel et au point de vue moral. « L'argent, dit M. Raiffeisen, « n'est pas le but de la Darlehenskasse, mais le moyen ; la « véritable mission des caisses de prêts est bien plutôt « d'améliorer la situation de leurs membres au point de « vue moral et matériel, et, dans ce but, de leur procurer « les capitaux nécessaires sous forme de prêts à intérêts, « sous la garantie de l'association, et ainsi de leur fournir « le moyen de faire fructifier leur argent. »

Un des plus grands avantages qu'offrent les caisses de prêts, c'est d'opérer dans une seule commune en même temps ; il y a là une garantie presque absolue de l'exactitude des renseignements recueillis sur la solvabilité et la moralité de celui qui sollicite une avance d'argent. Ici pas de ces petits commerçants ou de ces grands spéculateurs dont les affaires sont mal connues. La franchise du paysan qui va brutalement au fait, le genre de ses opérations, qu'il traite toujours au grand jour, au vu et au su de tous ses voisins, voilà les sûretés solides, certaines, presque absolues, qui entraînent l'engagement indéfini des membres de la Darlehenskasse et font le succès de ces sortes d'associations. « Nous sommes cent qui nous épions « mutuellement, disait un paysan à M. Vollemborg, de « sorte qu'il n'est pas possible que l'un de nous manque à « son devoir. »

Toutes personnes, pauvres ou riches, peuvent être membres de la Darlehenskasse ; tout le monde indistinctement dans les classes agricoles peut y être admis ; mais pour emprunter il faut être sociétaire (1), ce qui est une affirmation manifeste du caractère des associations allemandes, associations coopératives de crédit mutuel. En fait, en Allemagne, où les grands propriétaires sont plus nombreux qu'en France, les pauvres faisant partie de l'association ont toujours eu le tact qui, dans la circonstance, est une sûreté adroitement ménagée, de mettre à la tête de l'association les gens fortunés. Ceux-ci ayant à la fois plus de temps à consacrer à l'administration et au fonctionnement de l'œuvre, plus d'influences et de relations, surtout des connaissances plus étendues, sont plus capables de gérer avec avantage les sociétés de prêts et de rendre leurs affaires prospères. Le paysan français plus défiant, plus soupçonneux, moins réfléchi surtout, ne comprend pas ou ne veut pas comprendre le bénéfice qu'il y aurait à laisser aux hommes

(1) Les lois du 1er mai 1889 et du 18 mai 1891 ont cependant permis l'extension des opérations en dehors des membres de la société.

supérieurs et compétents le soin de gouverner. On rencontre, en France plus qu'en Allemagne, une foule de petits agriculteurs qui se jalousent et marchent à l'envi, en même temps que dans le chemin du progrès, dans la voie des honneurs. Voilà ce qui a permis de soutenir que les Darlehenskassen florissantes en Allemagne, n'auraient aucun succès dans notre pays. Il est vrai que les grands propriétaires allemands et en général tous ceux qui ont trop de revenus pour faire leurs affaires n'ont pas besoin du crédit qu'offrent les caisses de prêts de Raiffeisen. Mais il ne faut pas oublier qu'une idée généreuse, une idée d'humanité bienfaisante est au fond de ces institutions de crédit. C'est donc par charité, sinon par besoin, qu'y interviennent les agriculteurs favorisés de la fortune.

Dans une conférence faite au théâtre de Menton, M. Vollemborg développait cette idée en des termes que nous sommes heureux de reproduire : « Si l'élite intellectuelle et « économique, surtout celle qui habite la campagne ou y « est intéressée, prenait en main la cause de la classe « agricole dans ses sphères inférieures, apprenant aux uns « à s'arracher à leurs misères, aux autres à n'y pas tom- « ber, les progrès que l'on réaliserait dans l'ordre moral « aplaniraient puissamment les difficultés de l'ordre tem- « porel. C'est surtout « l'absentéisme » des propriétaires « qui est grandement à regretter, absentéisme matériel « et moral à la fois, puisqu'il ne suffit pas de séjourner « en passant à la campagne ou d'y aller pendant l'automne « en joyeuse compagnie, pour « l'habiter » dans le vrai

« sens du mot, c'est-à-dire, pour connaître la pensée « intime de la population rurale, se mêler à sa vie et y « exercer une influence heureuse. » « Les propriétaires, « écrivait à ce propos le grand Cavour, vivant au milieu « des populations des campagnes, les aimant et les éclai- « rant, transformeraient en une influence génératrice une « force qui pousse la société dans la voie de la révolu- « tion (1). »

Les Darlehenskassen ne possèdent pas de capital social; elles font appel à l'emprunt pour constituer leur fonds de roulement. Mais c'est une obligation pour elles d'avoir une réserve appelée le patrimoine social, formée lentement par l'accumulation des petits bénéfices réalisés sur les opérations de l'association. Du reste, les bénéfices sont minimes, parce que, voulant procurer le crédit à bon marché, les caisses de prêts se contentent de taux peu élevés. L'excédent de bénéfices qui ne passe pas en réserve est employé à des œuvres utiles profitables à l'association même ou à la commune dans laquelle celle-ci s'est formée. Jamais le fonds de réserve ne peut être partagé.

La loi récente du 1er mai 1889 ayant exigé la constitution d'un fonds social dans toute société, les Darlehenskassen doivent désormais se conformer à ces prescriptions; mais les parts d'associés sont si petites qu'elles deviennent absolument négligeables. Quant au montant du droit d'entrée que chaque associé est obligé de payer, il demeure

(1) Leone Vollemborg, *Les caisses rurales italiennes*, Conférence faite au théâtre de Menton, p. 4.

sa propriété. S'alimentant, dès qu'elle est connue, à l'aide des prêts faits par les capitalistes, la caisse de prêts est aussi une caisse d'épargne qui reçoit tous les dépôts, si minimes qu'ils soient, des travailleurs.

Les Darlehenskassen font des prêts à long terme dont le remboursement peut être très éloigné, 5, 10 et même 20 ans ; elles ouvrent des comptes courants aux associés. Cette dernière opération devait dans la pensée de Raiffeisen être la moins fréquente, et si elle est devenue d'un usage constant dans certains pays, on peut dire que, dans ces contrées, l'association qui les consent n'a plus la forme primitive imposée par le fondateur ; il y a ici à noter une transformation comme celles qu'ont subies les Vorschussvereine. Les fonds qui sont l'objet du compte courant ne peuvent être soumis à un contrôle sérieux ; c'est là un inconvénient grave qui n'avait pas échappé à Raiffeisen.

Une garantie sérieuse de remboursement consistant en caution, gage ou hypothèque intervient ici comme dans les Vorschussvereine. La plus usitée est le cautionnement, garantie extrêmement solide et d'autant plus sûre que si la caution intervient, connaissant à fond la situation de celui qui emprunte lequel le plus souvent est un voisin, c'est que cette situation n'est nullement suspecte.

D'ailleurs il y a en outre une mesure de prudence édictée dans les statuts des caisses de prêts : tous les trois mois l'administration est tenue d'examiner la solvabilité de l'emprunteur et de la caution ainsi que la valeur des sûretés réelles fournies.

Ce que la Darlehenskasse tend à produire avant tout, c'est une influence bienfaisante au point de vue moral ; elle joue un rôle d'éducation par lequel il convient bien de commencer en effet pour préparer les esprits à l'établissement d'institutions nouvelles ; cette éducation faite, la création du crédit est rendue plus facile. Au contraire le Vorschussverein développe l'esprit de lucre et de cupidité.

Au lieu des gros dividendes que le Vorschussverein fait miroiter aux yeux de ses membres, la Darlehenskasse ne distribue rien que de bonnes paroles, d'édifiants exemples.

Les deux établissements donnent le crédit. Mais l'un spécule tandis que l'autre moralise.

Dans les Raiffeisen.	*Dans les Schulze-Delitzsch.*
1° Taux de l'intérêt faible.	1° Elevé.
2° Justification de l'emploi de l'argent demandé.	2° Aucun contrôle de ce genre.
3° Prêt à long terme.	3° Prêt pour 3 mois au maximum.
4° Remboursement par annuités.	4° Remboursement en 1 fois.
5° Pas de fonds social.	5° Fonds social.
6° Pas de dividendes.	6° Dividendes élevés.
7° Clientèle exclusivement agricole.	7° Clientèle publique.
8° Fonctionne dans une seule commune.	8° Fonctionne dans les villes.
9° Administration gratuite.	9° Administration payée.

Ces nombreuses différences justifient l'antagonisme des deux institutions et les efforts faits par Schulze-Delitzsch pour abattre le succès des caisses de Raiffeisen. Ces efforts ont été vains et les faillites des Darlehenskassen sont rares, peut-être même nulles.

« Ce qui en fait la force, dit M. Durand, ce qui leur per- « met de trouver du crédit alors même que le crédit se res- « serre pour tout le monde, c'est qu'elles présentent une « sécurité exceptionnelle, c'est qu'elles groupent des em- « prunteurs qui possèdent chacun un patrimoine relative- « ment important et qui n'ont besoin d'argent comptant « qu'en très petite quantité. Le paysan qui emprunte « 200 francs pour parfaire le prix d'une paire de bœufs « possède souvent une fortune 20 fois supérieure ; puis, « tous les membres de l'association n'empruntent pas à « la fois : le faisceau formé par leur garantie solidaire a « donc une force incomparable. » Pour terminer disons que, excellentes caisses d'épargne, les Vorschussvereine nous paraissent inférieures aux caisses de prêts de Raiffeisen si on les considère comme établissements de crédit. C'était l'opinion plusieurs fois exprimée, lors de la discussion sur les sociétés de crédit agricole, des auteurs de la loi de 1894 qui se sont plus souvent inspirés des règles applicables à ces dernières.

Il y a en Allemagne d'autres institutions de crédit ; nous avons déjà cité les caisses de l'Union d'Offenbach qui s'inspirent à la fois des Schulze-Delitzsch et des Raiffeisen. Nous ne nous étendrons pas sur ce nouveau type d'associations ; cette étude nous entraînerait trop loin du cadre que nous nous sommes tracé.

Il existait déjà en Allemagne « des Unions centrales » d'associations chargées de grouper et de soutenir par tous moyens (avances, réunions, conseils, etc...) les sociétés de crédit existantes, lorsqu'une loi du 31 juillet 1895 est venue créer une « Caisse centrale » prussienne agricole des associations dont le siège est à Berlin. Investie de la personnalité juridique et placée sous la direction du gouvernement, elle a pour but d'alimenter les caisses de crédit allemandes. « Elle doit, dit M. Georges Blondel (1), « fournir de l'argent à un taux modique, soit aux caisses « centrales, soit aux associations particulières ..., recevoir des dépôts, soit des associations, soit des par« ticuliers, faire fonction de caisse d'épargne, et faire « fructifier, à l'instar des banques, l'argent dont elle est « dépositaire. »

Le gouvernement lui accordait par la loi de 1895 une subvention de 5.000.000 de marcs portée à 20 millions par une loi modificative du 8 juin 1896 qui réglemente d'une façon spéciale l'emploi à faire des bénéfices.

La Suisse, la Belgique, l'Italie, l'Angleterre possèdent également des établissements de crédit agricole. En Belgique, une disposition particulière de la loi de 1884 a créé ce qui n'existait nulle part ailleurs, un privilège agri-

(1) *Etude sur les populations rurales de l'Allemagne et la crise agraire*, 1897, p. 308.

cole (1). Le crédit est distribué dans ce pays à l'aide de comptoirs agricoles créés par la même loi du 15 avril 1884 qui avait pour but de reverser dans les campagnes une partie des fonds de l'épargne. Les comptoirs agricoles sont des intermédiaires destinés à suppléer la confiance que le cultivateur mal connu n'inspire pas à la caisse d'épargne chargée de prêter à l'agriculture. « Les comptoirs agri-« coles, dit M. Durand, sont des associations de proprié-« taires qui ont la mission de distribuer et de surveiller le « crédit agricole. Ces associations qui se recrutent elles-« mêmes doivent fournir des sûretés à la caisse d'épar-« gne ; du reste tous les membres sont solidairement res-« ponsables des fonds avancés par la caisse d'épargne sur « leur entremise. Ils forment donc, pour ainsi dire, un « établissement de crédit qui sert d'intermédiaire entre « l'emprunteur et la caisse d'épargne .» En Italie, pays qui nous paraît être avec l'Allemagne le plus avancé en matière de crédit agricole, lorsque le gouvernement s'occupa en 1869 de créer le crédit agricole, il a fort bien compris que les conditions du succès tenaient à des établissements locaux opérant sur une petite surface, et non à un système centralisateur, qui peut-être était plus en harmonie avec les tendances et les aspirations unitaires du peuple italien qui venait tout nouvellement de constituer son autonomie, mais qui ne pouvait procurer le ré-

(1) « Les prêts faits dans l'intérêt de l'agriculture peuvent être garantis « par un privilège stipulé dans l'acte et portant sur les objets qui sont « affectés au privilège du bailleur » (art. 5, titre II de la loi).

sultat qu'on voulait atteindre. « Les banques locales, disait « à ce propos le ministre du commerce, M. Cordova, peu- « vent seules avoir exacte connaissance de la solvabilité « morale et matérielle des personnes auxquelles elles ac- « cordent leur confiance, et être constamment au courant « des faits qui peuvent diminuer cette solvabilité. » Et le bureau central du Sénat estimait « que c'était l'unique « moyen d'obtenir que les capitaux soient effectivement « employés au profit de l'agriculture, tandis que les gran- « des associations sont trop facilement poussées, par l'ap- « port de gros bénéfices, à employer leurs capitaux à des « fins absolument étrangères à celle qui leur a servi d'acte « de baptême ».

Les législateurs italiens, bien inspirés et partant d'excellents principes, en ont fait une mauvaise application. C'est ainsi que créant des banques agricoles, ils ne leur permettent pas de prêter au delà de 90 jours et exigent comme garantie « des gages facilement réalisables ou des obliga- « tions hypothécaires, ou des produits agricoles déposés « dans les magasins généraux ou chez des personnes no- « toirement solvables et responsables ».

Une loi du 26 juillet 1888 est venue modifier celle de 1869. Au lieu de créer des établissements spéciaux, celle-ci permet à toutes les banques les opérations de crédit à l'agriculture. Elle établit un privilège agricole, qui, à la différence de celui que nous avons constaté dans la loi belge, ne peut être constitué qu'en faveur d'un établissement distribuant le crédit agricole et non en faveur de tout prêteur. A côté de ces créations officielles, un grand nombre d'institutions existent en Italie, dues à l'initiative privée. Les plus importantes, celles dont le fonctionnement rend le plus de services, sont certainement les caisses d'épargne envisagées comme distributrices du crédit à l'agriculture. Agissant à leurs risques et périls, les caisses d'épargne font les opérations de banque, reçoivent des dépôts d'argent et reversent cet argent à la circulation. Bon nombre d'entre elles consacrent une partie de leurs fonds aux prêts agricoles. Mais dans une conception due à M. Luzzati, entre ces caisses d'épargne et l'emprunteur, il y a des banques populaires locales fournissant une signature à côté de celle du solliciteur et semblables aux comptoirs agricoles de Belgique.

Enfin, et c'est ce qui nous intéresse surtout, il existe en Italie des sociétés coopératives de crédit mutuel dont la plus importante est la banque populaire de Milan fondée en 1866. L'apôtre du crédit populaire dans ce pays est M. Luzzati qui y introduisit les Vorschussvereine de Schulze-Delitzsch. Toutefois, les associations allemandes ne fonctionnent pas en Italie et en Allemagne de façon absolument identique. M. Luzzati leur a fait adopter la forme anonyme avec responsabilité limitée à l'apport, malgré les efforts de M. Vigano qui tendaient à respecter le principe de la solidarité indéfinie établi par Schulze-Delitzsch lui-même. Les banques populaires créées sur le type des Vorschussvereine sont de beaucoup les plus nombreuses en Italie ; on en comptait 762 en 1897.

Vers 1882 les caisses rurales du type Raiffeisen se sont elles aussi introduites en Italie. M. A. Keller s'en fit le défenseur. Leur développement a été beaucoup moins rapide que celui de leurs concurrentes puisqu'une statistique de juin 1898 n'en mentionne que 53. Cette différence est due sans doute au caractère philanthropique de ces sociétés; le dévouement et la bienfaisance ne se rencontrent pas au même degré dans tous les pays et à toutes les époques. Pour des œuvres de charité comme elles sont, il faut un propagateur ardent et convaincu, rempli de zèle et de patiente ténacité. L'Allemagne avait eu Raiffeisen; il faut reconnaître que l'Italie n'a pas manqué non plus de ces natures d'élite, de ces héros de la bienfaisance; elle aussi a possédé cet homme au cœur généreux, le Dr Leone Vollemborg (1).

(1) Nous ne pouvons nous arrêter plus longuement sur ce qui a été fait à l'étranger en matière de crédit agricole. V. à ce sujet l'ouvrage si documenté de M. L. Durand (*Le crédit agricole en France et à l'étranger*) qui a été pour nous un guide sûr et une source précieuse de renseignements.

DES SOCIÉTÉS DE CRÉDIT AGRICOLE EN FRANCE

CHAPITRE PREMIER

LÉGISLATION ANTÉRIEURE A 1894.

SECTION I. — Sociétés de crédit agricole antérieures à la loi de 1894.

Nous avons hâte d'aborder l'étude des sociétés coopératives de crédit en France et de voir ce qui a été fait en ce sens dans l'intérêt de l'agriculture avant la loi du 5 novembre 1894. Il existait alors et il existe encore depuis un certain nombre de sociétés de crédit agricole constituées sous forme de sociétés coopératives. On ne peut pas dire qu'il y ait là une création spéciale en faveur de l'agriculture ; ces sociétés sont régies par des lois générales, notamment par celle du 24 juillet 1867, sur les sociétés à capital variable. Il faut en distinguer deux espèces : des associations fondées sur le type des sociétés anonymes à capital variable et des associations en nom collectif du type Raiffeisen. Au nombre des premières il convient de citer en premier lieu la Banque agricole créée en 1887 par le syndicat agricole de Poligny, les sociétés coopératives de Senlis, de Saint-Florent-sur-Cher, d'Amiens, celles du syndicat des agriculteurs du Doubs, du syndicat du canton de Genlis (Côte-d'Or), d'une espèce particulière, celle enfin de l'arrondissement de Lunéville, etc. Quant aux sociétés du type Raiffeisen dont nous allons parler tout d'abord rapidement parce qu'elles sont une copie d'institutions que nous connaissons déjà, elles se sont établies dans le midi de la France où les conditions de l'existence étant plus difficiles, la misère plus grande que dans le Nord, les principes posés par Raiffeisen avaient plus de chance d'être adoptés. On y rencontre deux variétés : l'une répondant à la conception primitive basée sur l'engagement solidaire indéfini : ce sont les caisses rurales à responsabilité illimitée de M. L. Durand ; la seconde comprend des caisses à responsabilité limitée dont le fondateur est M. Rayneri, directeur de la Banque populaire de Menton. Les premières qui sont de beaucoup les plus nombreuses, agglomérées dans la région lyonnaise, ont formé l'« Union des caisses rurales et ouvrières à responsabilité illimitée » dont le président est M. Durand. En 1896 on comptait 368 caisses adhérentes à l'Union. Elles sont strictement coopératives et, comme telles, n'accordent de crédit qu'à leurs membres. Toute idée de spéculation en étant écartée, elles sont administrées gratuitement et ne distribuent aucun bénéfice. Tous les profits sont affectés à une œuvre de charité. L'idée philanthropique est dominante dans ces associations, peut-être même trop exclusive pour leur développement. Voici ce que disait, il y a trois ans, M. de Castelmore, président du groupe régional des caisses rurales du Gers, dans son rapport au congrès d'Auch : « On re« présente volontiers le cultivateur, le paysan, — tran« chons-le mot, Messieurs, car ce mot, loin d'être un qua« lificatif injurieux, est un titre honorable entre tous, « et que je revendique très franchement pour moi, — on « représente le paysan comme confiné dans l'étroitesse « d'un égoïsme sauvage. C'est une calomnie contre la« quelle je proteste. Quoi qu'il en soit, j'affirme que, dès « son entrée dans une caisse rurale, ses qualités natives « se développent, ses défauts s'atténuent. Et comment ? « — parce que tout de suite, il voit l'identité désor« mais établie entre son intérêt propre et l'intérêt d'au« trui. Si mon camarade emprunteur périclite, j'en pâ« tirai puisque j'ai répondu pour lui ; s'il prospère, ma « sécurité s'accroît. Donc plus de jalousie, plus de cette joie « haineuse à la vue du malheur d'autrui ! mais bien au « contraire, le désir sincère, la volonté ferme et raisonnée « de s'entr'aider par un bon conseil, au besoin par un bon « coup de main. Hier soir, une parole autorisée, une parole « puissante par la science comme par l'éclat, nous a montré « dans l'égoïsme l'agent le plus sensible de désorganisa« tion sociale ; si je puis dire — et je le dis en m'appuyant « sur l'expérience acquise, — que la caisse rurale tue l'é« goïsme, n'ai-je pas tout dit ? »

Nous avons réservé l'étude des sociétés anonymes de

crédit agricole à capital variable parce que celles-ci ont une importance considérable et qu'elles ont le mieux réalisé en France l'idée de coopération en matière agricole telle qu'on la concevait avant la loi de 1894. Les deux plus anciennes banques créées en France sont celles de Poligny et de Senlis dont la première nous servira de type. Elles sont greffées sur des syndicats et fonctionnent en qualité de sociétés anonymes par actions à responsabilité limitée ; les résultats qu'elles donnent sont satisfaisants et le projet Méline de 1892 paraît avoir été inspiré par le succès de la tentative du syndicat de Poligny agissant sous l'impulsion de son président, M. A. Bouvet. Les sociétés coopératives de crédit ont pour base la mutualité ; en matière agricole les syndicats étaient bien organisés pour faire naître un tel sentiment. « Ce principe fécond de la mutualité, qui « institue entre les associés une garantie réciproque et « fait bénéficier les emprunteurs du crédit assuré aux « riches cultivateurs qui n'ont pas besoin de recourir à « l'emprunt, est une application très naturelle de l'idée qui « a présidé à la formation des syndicats professionnels. « C'est la solidarité du riche et du pauvre, c'est la frater- « nité pratiquée sans bruit, sans déclamation, par des « hommes qui se préoccupent bien plus que les socialistes « de faire honneur à la devise inscrite sur nos monu- « ments publics (1). »

Le plus souvent les petits agriculteurs ne connaissent

(1) Comte de Rocquigny, *Les syndicats agricoles et le socialisme agraire*, opinion citée de M. Chénon de Léché, p. 234.

pas le mécanisme des opérations de crédit, ils ignorent les services qu'elles peuvent leur rendre dans les cas plutôt rares où ils en ont l'accès ; la défiance les arrête. Ils auraient besoin d'une éducation économique qui leur manque et qui ne peut être faite que par une *banque coopérative*, où chaque emprunteur est en même temps banquier et s'initie peu à peu aux procédés de comptabilité. Tous les sociétaires se connaissent et se surveillent les uns les autres, puisque tous ont intérêt à la conservation du capital dont ils sont co-propriétaires ; mais tous aussi sont prêts à venir en aide à leur voisin, lorsqu'ils savent que son intelligence, sa régularité et l'emploi judicieux qu'il veut faire du capital emprunté en garantissent le remboursement. C'est sur ces bases que fonctionnent les sociétés coopératives de crédit, elles ont pour but de prêter aux agriculteurs économes, besogneux, travailleurs mais pauvres. Souvent l'insuffisance du capital d'exploitation occasionnera des pertes considérables ; faute d'avances, le cultivateur ne pourra faire les acquisitions d'animaux, engrais ou semences qui auraient peut-être augmenté de 25 ou 30 0/0 le revenu de son domaine. D'autres fois, il se verra forcé de vendre sa récolte au cours le plus bas, parce qu'il ne pourra attendre quelques mois et il perdra de ce chef 10 à 15 0/0. Dans ces différents cas, les prêts que lui consentiront les sociétés coopératives lui seront avantageux.

Les sociétés coopératives de crédit agricole sont des sociétés civiles « non pas, dit M. Thaller, parce que la spé-« culation leur fait défaut, mais parce qu'elles ne s'entre-« mettent point dans la circulation de l'argent ».

Elles relèvent donc du tribunal civil et échappent à la faillite à moins d'avoir pris la forme commerciale par actions ainsi que le permet l'article 68 de la loi du 1er août 1893 ; elles ne paient pas la patente. En France, les sociétés coopératives existantes, en dehors de la loi de 1894, que nous étudions en ce moment, sont presque toutes des sociétés anonymes à capital variable. Elles pourraient aussi bien être constituées sous une autre forme. Il est bien vrai, comme le dit M. Hubert-Valleroux dans l'*Union économique* du 10 février 1889, que « la loi du 24 juillet 1867, ins« tituant les sociétés anonymes et à capital variable, a « érigé une forme légale adoptée depuis lors par presque « toutes les sociétés coopératives », mais si les sociétés coopératives adoptent presque toutes la forme anonyme, c'est qu'il y aurait trop d'inconvénients dans une association de ce genre en nom collectif à reconstituer fréquemment la société par suite du décès de l'un des membres qui la composaient. En vertu de l'article 48 de la loi qui les régit, le capital de ces sociétés est variable, c'est-à-dire susceptible d'augmentation par les versements successifs des associés ou l'admission d'associés nouveaux, et aussi de diminution par la reprise totale ou partielle des apports effectués.

Le capital social originaire ne peut être supérieur à 200.000 francs. Les actions demeurent nominatives même après leur entière libération ; elles ne pouvaient avant la loi modificative de 1893 être inférieures à 50 francs. La société ne peut être constituée qu'après versement préalable de 1/10 du capital social. On s'accorde à admettre, d'après le sens de la loi, qu'il s'agit ici du 1/10 du total et non du 1/10 versé sur chaque action. Lorsqu'un associé se retire, il reste tenu pendant 5 ans des obligations de la société lors de sa retraite.

L'association de crédit mutuel de Poligny s'est constituée avec un capital très faible : 20.000 francs dont 1/2 versé (1). Elle a pu faire escompter ses effets à recevoir par la succursale de la Banque de France à Lons-le-Saulnier, et, par des renouvellements successifs, a pu consentir exceptionnellement des prêts remboursables à plus de trois mois. La demande d'emprunt doit indiquer l'emploi à faire de l'argent et cet emploi est limité à certaines opérations (achats de bestiaux, semences, engrais, instruments). Le maximum des prêts consentis à une seule personne ne peut dépasser 600 francs. Bien que l'emprunteur soit obligé de fournir caution, sa solvabilité est examinée au moyen d'une enquête sommaire dont le résultat est communiqué par le président de la section cantonale du syndicat à laquelle appartient le solliciteur. Les effets portant trois signatures, celles de l'emprunteur, de sa caution et de la société de crédit, peuvent alors être escomptés à la Banque de France. Le mouvement des sociétés coopératives de crédit agricole s'est fortement accentué en ces dernières années.

(1) La société de Genlis (Côte-d'Or) a été constituée sans capital au moyen d'une avance faite par la Banque de France de Dijon sur un dépôt de titres en garantie d'une valeur de 12.000 francs fait par un des membres du syndicat du canton de Genlis.

En 1898 on comptait en France 560 institutions de crédit agricole dont 477 établies conformément au régime créé par la loi du 24 juillet 1867.

Un projet de loi sur les sociétés coopératives soumis à la Chambre des députés le 16 juillet 1888 est actuellement en suspens après l'épreuve subie au Sénat en 1896. Le projet prévoit spécialement la dispense de l'impôt sur le revenu des sociétés de production et de crédit pour les sociétaires dont le capital social versé ne dépasse pas 2.000 francs (art.22), la formation d'un fonds de réserve à l'aide d'un prélèvement de 1/10 sur les bénéfices nets avant toute répartition (art. 28). Dans l'article 35 il est dit que « les sociétés coopératives de crédit peuvent faire « des opérations d'escompte, d'avances, de transport de « créance ou d'encaissement, avec leurs propres associés « ou avec d'autres sociétés coopératives. Elles peuvent, « par une décision spéciale de l'assemblée générale, con- « tracter des engagements destinés à augmenter leur fonds « de roulement ».

L'article 40 prévoit et réglemente une espèce particulière de coopératives : « Les sociétés coopératives mixtes « agricoles, qui se composent de laboureurs et cultiva- « teurs et se bornent à vendre et à manipuler les récoltes « et fruits provenant des terrains qui appartiennent aux « associés ou qui sont par eux exploités, à vendre le bé- « tail qu'ils y élèvent, qu'ils y entretiennent ou qu'ils y « engraissent, ainsi que les produits du bétail, ne sont sou- « mises, comme les sociétés de consommation, à aucune

« taxe autre que celles imposées aux particuliers non com-« merçants.

« Elles ne sont pas soumises aux prescriptions de l'arti-« cle 30 ainsi conçu : « Les sociétés coopératives de cré-« dit et de production sont tenues de se conformer, pour « les écritures et leurs lettres missives, aux prescriptions « des articles 8 et suivants du Code de commerce. »

A cause du dissentiment existant entre les chambres et des remaniements successifs qu'on lui fait subir, ce projet de loi n'est peut-être pas près d'être voté.

SECTION II. — **Besoin d'une création nouvelle et originale de sociétés de crédit agricole.**

Il semblerait que l'agriculture, ayant à sa portée des établissements de crédit régis par le droit commun, eût pu se montrer satisfaite et bien des fois en effet, lors de la discussion de la loi de 1894, on a dit que celle-ci était inutile, que, dans la législation actuelle, soit à l'aide de la loi de 1884 sur les syndicats professionnels, soit à l'aide des sociétés coopératives existantes et prochainement modifiées, elle pouvait trouver le crédit dont elle avait besoin.

Quelles conditions spéciales ce crédit doit remplir, nous l'avons déjà dit : il faut qu'il soit accordé à un taux modéré, — que les prêts consentis soient remboursables dans un délai quelquefois très éloigné, la plupart du temps dépassant trois mois, — que le remboursement s'en puisse faire par annuités, — que l'agriculteur triomphe de la défiance dont il est l'objet et trouve aisément des ressources sans être obligé de fournir les trois signatures qu'exige la Banque de France.

Or, il est incontestable que ni les syndicats professionnels, ni les sociétés coopératives existantes n'avaient en eux-mêmes le pouvoir d'accorder le crédit à de telles conditions.

Les syndicats agricoles sont des associations formées en vue de réaliser des bénéfices, une économie notable sur le prix d'achats faits en commun et ayant pour objet les divers approvisionnements, engrais, semences, bêtes de travail, instruments, etc. Sans doute, ils ont étendu depuis quelques années leur champ d'action ; exclusivement occupés d'abord d'achats spéciaux, ils ont élargi leurs opérations ; les propositions de réformes, les avis, les ventes de produits, la création de caisses de secours mutuels, de caisses d'assurances, de sociétés de production et de crédit — tout cela est de leur ressort. Ils jouissent de la personnalité civile, restreinte il est vrai à l'exercice de certains droits. Mais nous ne pensons pas qu'il serait sans danger de leur reconnaître le droit de faire directement le crédit. On a considéré comme une tolérance la faculté qui leur est laissée de faire dans certaines régions les opérations réservées aux coopératives de consommation et c'est pourquoi M. Eugène Rostand, dont l'œuvre créée le 15 septembre 1888 sous la forme de société coopérative de production et de consommation de la Charente-Inférieure a pris de si grands développements, a voulu que la société fût annexée au syndicat départemental de la Charente-Inférieure, n'osant permettre à celui-ci la vente directe des objets de consommation. M. le marquis de Dampierre rendait hommage à cette prudence en disant : « que « M. Rostand avait voulu enlever au syndicat un carac- « tère commercial en opposition avec la loi et qui ne pou- « vait que le compromettre ».

Si les syndicats agricoles ne peuvent faire les opérations réservées aux coopératives de consommation, ne serait-il pas hardi de leur reconnaître le droit de concéder le crédit? Cette opinion a été exprimée par M. Etcheverry lors de la discussion du projet primitif : « en autorisant la « transformation des syndicats en sociétés de crédit, on « s'expose à en disloquer un certain nombre. La faveur « dont jouissent les syndicats vient de ce que les adhé- « rents ne courent aucun risque ; si ces syndicats sont « transformés en sociétés de crédit, les responsabilités « vont commencer. » Et un peu plus loin l'honorable député ajoutait : « Il serait préférable d'attendre que la loi « sur les sociétés coopératives, pendante devant le Sénat, « fût votée ; les deux projets seraient coordonnés de façon « à ce que les sociétés coopératives de crédit pussent re- « vêtir un type uniforme, sinon dans les détails, du moins « dans les lignes essentielles et surtout qu'elles offrissent « les mêmes garanties au public. »

Il nous semble que les sociétés coopératives ne pouvaient non plus répondre au besoin de crédit spécial qu'attendent les agriculteurs ; il y avait tant de réformes à faire pour qu'elles pussent donner ce crédit aux conditions particulières que nous énumérions plus haut, qu'il était préférable de faire une création de toutes pièces comme la loi de 1894, loi qui simplifie le plus possible le mode de constitution et la publicité des nouvelles sociétés, fait contrôler annuellement l'ensemble et le détail des opérations, oblige à la constitution d'une réserve, dispense de quelques impôts et même de l'enregistrement en principe. Ces simplifications suffiraient à justifier la création du législateur; nous ne sommes pas de ceux qui repoussent de parti pris une innovation sous prétexte qu'elle offre des inconvénients; c'est le propre de toute innovation d'être sujette à critique; comme le disait l'auteur du projet, on n'a pu viser à la perfection, parce que la perfection ne peut être atteinte.

CHAPITRE II

LES SOCIÉTÉS DE CRÉDIT AGRICOLE CRÉÉES PAR LA LOI DE 1894.

SECTION I. — La loi de 1894. — Son originalité. — But général et origine des Sociétés de crédit agricole. — Historique. — Opérations qu'elles ont spécialement pour objet.

Il y a surtout dans la loi de 1894 une innovation que nous voulons mettre en relief parce qu'elle révolutionne toutes les idées admises en matière de coopération. Nous avons signalé plus haut les tendances d'une nouvelle école italienne ; il est temps d'en dire quelques mots et de montrer comment elles se sont fait jour, peut-être sans système de la part des législateurs, dans la loi de 1894 sur les sociétés coopératives de crédit agricole. Nous avons eu l'occasion de définir précédemment la coopération et de dire que l'apport des associés dans une société coopérative consistait ou en argent ou en travail. « Les sociétés de cré- « dit en particulier ont pour but de donner aux ouvriers « associés un crédit qu'ils ne pourraient obtenir isolément « et de leur permettre ainsi de se procurer les avances dont « ils ont besoin (1). » Dans la conception admise jusqu'à ces

(1) M. Lyon-Caen, *Manuel de droit commercial. Les sociétés à capital variable.*

derniers temps, la coopération ne s'entendait que d'entreprises dont « l'exploitation s'exerce dans le cercle des « seuls associés (ce qui empêche les banques de crédit « mutuel de recevoir les fonds des tiers, ou les coopératives « de consommation de vendre à des étrangers) ». C'est ainsi que l'on comprenait jusqu'ici le fonctionnement des sociétés coopératives de production, de consommation et de crédit. Le capital et le travail sont rémunérés tous les deux ; le premier touche d'abord un intérêt ; il a de plus droit à une part de dividendes (1). On le voit, les seuls associés opèrent avec la société et peuvent profiter (2) des bénéfices qu'elle fait, au prorata de leurs opérations (3).

(1) Une plus forte part de dividendes revient au travail comme boni de restitution. La distribution des bénéfices est ainsi faite : « 1° Une portion déterminée (50 0/0 par exemple) est attribuée aux associés, en tant qu'*acheteurs d'argent*, *emprunteurs* et au prorata des opérations qui ont été faites ; 2° l'autre partie seulement leur revient au titre d'*apporteurs de fonds* et proportionnellement aux apports respectifs.

(2) « Les sociétés de crédit mutuel, dit l'exposé des motifs de la loi de « 1867, procurent aux associés les capitaux dont ils ont besoin. La plupart « ne trouveraient point ailleurs le crédit dont ils ont besoin et qui leur « est accordé par la société dont ils sont membres. Les avances qui leur « sont faites le sont d'ailleurs à un taux modéré, et plus tard *ils participent aux bénéfices résultant des prêts qui ont été faits aux autres et à « eux-mêmes.* »

(3) Du reste il faut savoir, au fond des choses, distinguer entre l'associé capitaliste qui reçoit une part d'intérêt comme capitaliste et une part de bénéfices comme associé, et l'associé, plutôt adhérent, en un sens, simplement coopérateur, qui ne fournit que son travail et ne reçoit qu'une part de bénéfices laquelle est un boni de restitution. Cet associé de la seconde espèce, cet adhérent est simplement coopérateur ; il n'est pas actionnaire et il ne peut être question de faire une évaluation de l'apport qu'il fait en nature ; cet apport en nature est une collaboration récompensée par une part de bonis ; elle n'est pas en principe évaluable en argent et susceptible d'être convertie en actions. C'est ce que ne comprenait pas M. Emile Ollivier, lorsque au cours de la discussion de la loi de 1867, il disait : « Il est évident que le travail de l'ouvrier augmente ou

Mais il est une seconde conception, toute nouvelle celle-là, de la coopération, mise en avant par le professeur Vivante, président d'une des sous-commissions qui travaillent à la refonte du Code de commerce italien. Partant de ce principe que chacun doit être récompensé selon ses œuvres, M. Vivante fait une distinction profonde entre les deux éléments qui entrent dans toute coopération : le capital et le travail. Ces deux éléments n'ont plus une égale im-

« diminue suivant que se produisent en lui un certain nombre de cir-« constances morales, accidentelles, imprévues. Par suite cette apprécia-« tion devra être soumise à des révisions perpétuelles. » M. Emile Ollivier considérait donc qu'une évaluation pécuniaire et nettement déterminée devait avoir lieu en ce qui concerne l'apport en travail de chacun. La réponse faite avec beaucoup de justesse par M. Rouher définit admirablement ce qu'est le travail dans la société coopérative : « Je dois indi-« quer qu'il y a, à mes yeux, un autre mode moins compliqué qui permet « au travail de s'introduire utilement dans la société coopérative. Ce « mode n'a pas pour point de départ une action, mais il peut avoir pour « conséquence une action. Les collaborateurs entrent dans la société ; ils « n'y apportent aucun capital ; le capital est constitué par d'autres, il est, « par conséquent, divisé entre les parties prenantes. Mais, en venant « apporter leur travail, les collaborateurs peuvent parfaitement stipuler « une part *de bénéfice qui ne sera pas corrélative, je le répète, à une* « *action, mais qui sera corrélative à un labeur* ; ils peuvent *stipuler* une « part de bénéfice ; ils peuvent aller jusqu'à stipuler le prélèvement de « cette part de bénéfice déterminée, et destinée à constituer pour eux des « actions qui leur seraient ultérieurement délivrées quand elles seront « arrivées à maturité, pardonnez-moi ce mot, c'est-à-dire quand on aura « versé le 1/10 de l'action. — Ainsi, un collaborateur arrivera de plain-« pied dans la société par une stipulation statutaire qui sera vérifiée par « l'Assemblée générale, sous forme de part de bénéfice, viendra donner « son travail à une société comme un capital déterminé, et recevra en « échange un bénéfice que les statuts détermineront. Sur ce bénéfice, s'il « a la prétention de devenir sociétaire, il pourra stipuler qu'un prélève-« ment annuel sera fait, que ce prélèvement sera déposé dans l'actif « social, sera pour lui productif d'intérêt, et représentera une ou plusieurs « actions selon la proportion d'épargne et de capitalisation que son travail « lui permettra de faire. Voilà le double caractère qui peut être imprimé « aux sociétés coopératives. »

portance dans leurs attributions respectives. Le premier n'est plus qu'un agent nécessaire, indispensable auquel il faut une rétribution suffisante et dans ce but on lui allouera un intérêt raisonnable, 5 0/0 par exemple ; il n'est qu'accessoire et sa provenance est tout à fait indifférente. Peu importe alors que la société soit ou non à capital variable. Le véritable, le principal élément de la coopération, c'est le travail. De cette nouvelle conception résultent des conséquences tout à fait neuves, tout à fait originales : « Le « capital, placé dans une position subordonnée, ne retirera « que le bénéfice nécessaire pour le porter à venir en aide « à la coopération » ; il n'est plus qu'un *moyen d'opérer*, un instrument qui se prête à plus ou moins bon marché. « Les « sociétés coopératives doivent répartir directement ou in- « directement leurs bénéfices entre ceux qui ont concouru « à le produire » (en telle sorte, par exemple, que, dans une société coopérative de crédit, le chiffre des prêts faits à un non-adhérent lui donnera droit à une part proportionnelle dans les gains, comme les prêts faits à un sociétaire). Il semble qu'alors, en forçant un peu les idées communément admises, on puisse dire que dans une société coopérative le fait de « travailler avec » la société rend celui qui collabore ainsi, *adhérent à la société de plein droit, ipso facto* ; de là à dire que les seuls coopérateurs sont associés il n'y a plus qu'un pas, sauf la charge des risques, qui ne pourraient s'étendre à d'autres qu'aux véritables associés. Les capitalistes ne sont plus que des prêteurs d'argent (1). Inconsciemment peut-être, dans tous les cas effectivement, le législateur de 1894 a fait application de ce nouveau principe (2) de la coopération dans cette disposition de l'article 3 *in medio* : « Le surplus (des bénéfices) « pourra être réparti, à la fin de chaque exercice, entre les « syndicats et entre les membres des syndicats au prorata « des prélèvements faits sur leurs opérations. » A moins que l'on ait voulu sous-entendre après le mot syndicats ceux-ci « membres de la société », il faut reconnaître que la nouvelle conception de la coopération qui répartit les bénéfices entre tous les coopérateurs, associés ou non, est entrée dans la loi nouvelle.

On peut dire, il est vrai, que les syndicats ou les membres des syndicats pouvant seuls faire partie des sociétés

(1) Les caractères fondamentaux d'une société établie sur de tels principes sont ainsi résumés par M. Thaller (*Annales de dr. commercial*, 1897, p. 420) : « Nombre illimité d'associés. Exercice d'un commerce ou « d'une industrie quelconque, *pourvu qu'il s'exerce au profit des coopé-« rateurs associés ou non.* Les associés ne peuvent pas retirer de leur « mise en capital un intérêt supérieur à 5 0/0 des versements effec-« tifs. » « Responsabilité limitée ou illimitée des associés, limitée, à dé-« faut de clause contraire. Dans le premier cas, il peut ne pas y avoir de « capital. »

(2) C'est même en notre matière que cette conception tout originale a le plus de chances d'être mise en pratique. Car on imaginera difficilement un capitaliste engageant son argent avec la seule perspective d'en toucher un intérêt fixe. Dans une société coopérative ordinaire, il lui paraîtra toujours légitime de participer aux bénéfices, en compensation des risques alors mal garantis qu'il court. Dans nos sociétés au contraire, ces risques sont pour ainsi dire détruits par la sûreté solide et indiscutable qu'offre la réunion de tous les patrimoines si importants, si précieux en l'espèce, des agriculteurs associés. Le capitaliste n'ayant pas la même défiance y placera plus volontiers son argent, n'eût-il à en attendre qu'un intérêt une fois déterminé *à priori*.

de crédit agricole, on a considéré qu'ils étaient, sinon membres, toujours adhérents de ces sociétés, et cela a été exprimé par les orateurs lors de la discussion: « La situation « des syndiqués qui n'entreront pas dans la société de « crédit sera, à l'égard des membres de cette société, ana- « logue à celle qu'ont, dans les sociétés coopératives, les « simples adhérents, à l'égard des actionnaires de ces « sociétés. » Mais cette affirmation n'existe pas dans la loi et nous persistons à y voir une conséquence de la nouvelle doctrine ; il y a là des adhérents *ipso facto*, par le fait de leur collaboration. Ils ne sont cependant pas assimilables aux associés en tous points ; car outre qu'ils n'ont pas à supporter les pertes faites par la société, ils ne prennent pas part aux assemblées générales et c'est justice à notre avis, puisque leur rôle se réduit à une coopération de fait récompensée par une part de bénéfices qui n'est qu'un trop perçu, un boni de restitution.

But. — Nous savons, par l'exposé qui vient d'être fait des efforts tentés pour créer le crédit agricole en France, par l'incapacité des institutions de crédit existantes à remplir entièrement les conditions de ce crédit et à donner satisfaction aux desiderata du monde des campagnes, nous savons quel est le but des sociétés créées par la loi de 1894. Procurer des ressources aux nécessiteux, aux gens besogneux mais actifs et laborieux, à un taux modéré, accorder le délai de remboursement nécessité par le genre des opérations auxquelles l'argent est employé, réduire les formalités de sûreté exigées par les banques commerciales, en fondant les garanties sur la mutualité, voilà ce que se propose la loi que nous allons étudier en détail.

Origine et historique.— Le projet de loi qu'elle consacre a été déposé à la Chambre des députés par M. Méline le 10 mai 1890 ; voté par la Chambre en juin 1892, sur le rapport de M. Eugène Mir, il a été transmis au Sénat le 4 mai 1893, discuté et adopté après une double modification concernant le titre et la transformation des syndicats eux-mêmes en sociétés de crédit. Il est revenu à la Chambre le 24 mai 1894 et a été définitivement voté, après un rapport de M. Jean Codet, le 27 octobre 1894.

Il avait à l'origine une portée beaucoup plus vaste que celle qui lui est donnée dans la loi. La Chambre l'avait adopté tel qu'il était proposé : « Loi tendant à l'organisation du crédit agricole et populaire », et dans sa teneur primitive, il s'étendait à tous les syndicats professionnels. C'est le Sénat qui restreignit et modifia le projet. M. Lacombe, dans la séance du 27 octobre 1894, estimait que ces modifications avaient rendu la loi inutile : « Le Sénat a dé-« capité la loi ; il en a enlevé la partie vraiment démocra-« tique..., il a surtout supprimé tout ce qui concernait le « crédit populaire. Il n'a laissé debout que le crédit orga-« nisé par les syndicats agricoles, c'est-à-dire qu'il a exclu « du bénéfice qu'on pouvait espérer de la loi tous les syn-« dicats professionnels et ouvriers. » L'auteur rappelle que l'initiative privée pouvait faire ce que la loi va permettre et à ce propos il offre comme exemple les caisses fondées en février 1894 dans la région lyonnaise par M. L.

Durand avec responsabilité illimitée des associés. Il appuie son opinion sur celle du journal *le Temps* : « A part cer- « taines exemptions d'impôts analogues à celles dont jouis- « sent les sociétés coopératives, le projet de loi n'introduit « en somme rien de particulièrement inédit dans l'ensem- « ble de notre législation » ; il cite également la décision du Congrès du crédit populaire de Bordeaux dans la réunion du mois d'avril 1894 : « Le congrès signale au Sénat « l'inconvénient qu'il y aurait à voter une loi dont l'inuti- « lité a été reconnue au Sénat lui-même et dont les dispo- « sitions sont de nature à compromettre plutôt qu'à ser- « vir le développement du crédit agricole. » M. Jean Codet, rapporteur de la commission, a fait justice dans sa réponse de ces reproches mal fondés d'inutilité. Après avoir regretté la restriction faite par le Sénat du titre de la loi ainsi modifié : « Loi relative à la création de sociétés de « crédit agricole », il expose les avantages que doit néanmoins produire la nouvelle législation : « La loi actuelle « ne crée pas le crédit, comme on l'a dit ; elle permet de « l'organiser, elle permet à de petites sociétés de se fonder « sur l'initiative des syndicats, à l'abri pour ainsi dire des « syndicats agricoles, à l'aide de leurs conseils et sous « leur patronage. Elle a pour *but d'édicter des formalités « moins longues, beaucoup moins compliquées et beaucoup « moins dispendieuses* que celles qui résultent de la loi de « 1867 sur les sociétés... Elle dispensera les nouveaux so- « ciétaires du paiement de la patente et du paiement de « l'impôt de 4 0/0 sur les valeurs mobilières. Je crois que

« ce sont là des avantages qui seront appréciés et qu'il ne « faut pas dédaigner à l'avance. »

Le rapporteur rappelle ensuite de quels modèles les auteurs du projet se sont inspirés : les banques Schulze-Delitzsch et les caisses de prêts de Raiffeisen. « On nous a « reproché, dit-il, de ne pas nous occuper du petit culti- « vateur ; mais c'est précisément à lui que s'adresse notre « loi. Ce n'est pas au gros propriétaire qui n'a pas géné- « ralement besoin d'argent, et qui, s'il en a besoin, n'a pas « recours à cette forme de crédit ; il offre assez de garan- « ties par lui-même pour obtenir des fonds chez son ban- « quier, sa terre répond pour lui ; sa signature a une va- « leur par elle-même et il peut toujours avoir recours à « l'hypothèque. Notre projet s'adresse à ceux qui culti- « vent eux-mêmes leurs terres, aux modestes travailleurs « qui n'ont que leurs bras pour mettre leurs champs en « valeur. Il s'adresse également aux fermiers qui n'ont « pas de terres pour répondre de leur solvabilité et obte- « nir du crédit. »

Dans la pensée même de ses auteurs la loi avait un but modeste ; elle ne prétendait pas être une panacée universelle offerte au monde agricole ; M. Méline l'exprimait en des termes que nous rapportons avec plaisir : « Certes, « nous n'avons pas eu la prétention de faire une œuvre « parfaite, mais nous avons celle de faire une œuvre ab- « solument démocratique, — qui met le crédit à la portée « des petites bourses et des petits agriculteurs, car, ainsi « qu'on vous l'a dit, le grand propriétaire n'en a pas be-

« soin. » — Quand ces gens qui « ne possèdent rien auront « mis en commun leurs forces, leur intelligence, leur « moralité et leur capacité professionnelle, ils auront du « crédit et une fortune. C'est là l'effet admirable de la « mutualité. — Quand notre projet de loi n'aurait que cet « avantage de soustraire le petit cultivateur à l'usure qui « ravage les campagnes, il serait un bienfait immense « pour la population agricole. »

Opérations que les sociétés de crédit agricole ont spécialement pour objet.

Art. 1er de la loi de 1874. — « Elles ont exclusivement « pour objet de faciliter et même de garantir les opérations « concernant l'industrie agricole et effectuées par les syn- « dicats ou par les membres de ces syndicats.

« Ces sociétés peuvent recevoir des dépôts de fonds en « comptes courants avec ou sans intérêts, se charger, rela- « tivement aux opérations concernant l'industrie agricole, « des recouvrements et des paiements à faire pour les syn- « dicats ou pour les membres de ces syndicats. Elles peu- « vent notamment contracter les emprunts nécessaires « pour constituer ou augmenter leur fonds de roulement ».

Un premier point essentiel à noter, c'est qu'elles n'offrent leur concours qu'à des opérations effectuées par les syndicats ou par les membres de ces syndicats, c'est-à-dire qu'elles ne viennent en aide qu'à des personnes capables de devenir associées. Il y a là une application stricte de la mutualité. Je dis stricte parce que, dans les sociétés coopératives en général, des étrangers quelconques peuvent, sans faire partie de la société, jouir des avantages qu'elle procure, au titre de simples adhérents. Ici, il n'est pas nécessaire d'être membre de la société de crédit, mais une qualité est indispensable pour profiter de ses faveurs, celle de membre d'un syndicat.

D'après l'appréciation que fait M. Labiche de cette particularité, dans son rapport au Sénat sur les modifications apportées au projet de loi, elle apparaît comme le prix des avantages dont le législateur a entouré les nouvelles sociétés. « Comme compensation aux faveurs que la nou-
« velle loi accorde à ces sociétés, soit pour leur constitution,
« soit pour leur fonctionnement, leur clientèle est res-
« treinte aux membres des syndicats et leur champ d'ap-
« plication est *limité exclusivement aux opérations concer-*
« *nant l'industrie agricole.* » Cette limitation est de nature à entraver le développement de la société ; nous pensons cependant que les motifs invoqués par M. Labiche pour la justifier ne sont pas ceux qui ont dû guider le législateur. Loin d'y voir une sévérité compensatoire qui se concilie difficilement avec l'intérêt que les rédacteurs du projet semblent porter à l'agriculteur, nous voulons y trouver une prudente et sage détermination.

Et d'abord, que les opérations dussent nécessairement se rattacher à l'industrie agricole, rien que de très naturel en cela, les sociétés qui les garantissent étant par définition des sociétés *de crédit agricole*. Mais il n'est pas moins heureux que, seules, les opérations effectuées par des syndicats ou certains de leurs membres, jouissent des bienfaits de la banque locale. Elles sont présumées mieux connues et les risques auxquels elles peuvent être assujetties sont, à cause de cela, plus susceptibles d'une appréciation exacte.

L'engagement de la société ne sera pris qu'à bon escient; les chances de perte s'en dégagent infiniment atténuées. Il y a donc, dans la limitation faite par la loi, une pensée de protection contre les tendances que pourrait avoir une société à prêter inconsidérément. La Société de crédit agricole de 1860 a pu servir d'exemple; c'est pour avoir tenté des spéculations en dehors du ressort normal de ses attributions qu'elle a fait faillite. Le législateur prévenu a bien fait d'écarter le même danger; il nous paraît avoir agi plutôt avec sollicitude qu'avec rigueur. Dans l'esprit de la loi, il faut même voir plus de choses que n'en exprime son texte. Il n'est pas douteux en effet que si les garanties ou les prêts ne doivent être accordés qu'aux syndicats ou à leurs membres et pour des opérations concernant l'industrie agricole, les actes ainsi favorisés devront être d'une nature économique spéciale. C'est seulement pour l'avenir, en vue d'opérations rémunératrices, que les sociétés offriront des ressources aux nécessiteux; elles n'accorderont de crédit qu'en vue de la production. Cette nouvelle portée de la loi est exprimée dans un grand nombre de statuts. La caisse agricole de la région du Nord nouvellement fondée (et qui n'accorde même, croyons-nous, que le crédit en nature) dispose dans son article 3 : « Le « concours de la caisse agricole ne pourra être fourni sous

« une autre forme que par l'escompte d'effets souscrits « ou acceptés par des membres des syndicats ou de coo- « pératives, *en paiement de fournitures se rattachant à « l'industrie agricole*, et endossés par le syndicat ou la « société coopérative qui aura fait la fourniture. » Dans la réunion préparatoire du 27 novembre 1898, l'initiateur de la fondation de cette société, M. Georges Raquet, spécifiait mieux encore le caractère des opérations que l'institution était appelée à protéger : « Il faut avant tout créer « une caisse qui offre aux souscripteurs toutes les garan- « ties désirables. Dans ce but, les prêts (1) ne devront être « consentis qu'en vue de couvrir *des dépenses de produc- « tion* : engrais, tourteaux, machines, etc... et, à aucun « prix, la caisse ne consentira à faire de prêts en argent « qui pourraient recevoir une destination plus ou moins « de fantaisie. »

La disposition que nous étudions en ce moment est une de celles qui ont le moins prêté à la critique et sont le plus unanimement reconnues utiles. Accorder le crédit en vue de la production, jamais en vue de couvrir des dépenses de consommation : voilà un principe qui entraîne comme conséquences des sûretés de premier ordre et sur lequel tous les économistes sont d'accord. Il ne pouvait pas faire défaut dans une matière où les garanties jouent un si grand rôle que l'on a été jusqu'à dire qu'elles étaient tout, l'argent n'étant qu'accessoire.

(1) L'expression prêt semble ici mal choisie ; c'était crédit qu'il fallait dire.

« Les placements, dit M. Méline,ne sont bons qu'à deux « conditions dont la seconde est qu'il faut être bien sûr « que l'argent ira à sa destination, que l'agriculteur ne « s'en servira pas pour acheter des terres, pour payer des « dettes, ou pour tout autre emploi. Il faut être bien sûr « que cet argent sera utilisé en achats d'engrais et de « semences ou de bétail (1). »

Il faut donc qu'un contrôle soit exercé et l'exercice n'en pouvait mieux être assuré que par la limitation légale de la clientèle des sociétés de crédit agricole. C'est ce que le législateur a bien compris ; il a su faire cette sage distinction du crédit productif et bienfaisant d'avec le crédit ruineux pour l'emprunteur.

Pour restreindre les risques possibles, presque toutes les sociétés fixent un chiffre au-dessus duquel on refuse le crédit à une même personne. « La société, dit l'article 3 « *in fine*, des statuts de la caisse agricole de la région du « Nord, ne pourra jamais détenir, sur une même personne, « pour plus de 500 francs d'effets ni escompter d'effets « ayant plus d'une année à courir. »

Quant à la question de savoir si les prêts doivent être consentis sans autre garantie que la solvabilité de l'emprunteur et l'engagement des associés, elle est résolue par le but même de la loi. Sans doute, lorsque cela est possible les sociétés feront bien d'exiger des sûretés réelles, gage ou hypothèque par exemple. La loi nouvelle du

(1) Séance de la Chambre des députés du 16 juin 1892.

18 juillet 1898 sur les warrants agricoles était dans la pensée de ses auteurs de nature à fortifier le crédit agricole. « Elle met, dit M. Calvet, rapporteur au Sénat, un nouvel « instrument de crédit aux mains des cultivateurs. Ils « seront à même de *bénéficier plus largement* de l'institu« tion des sociétés agricoles créées par la loi du 5 novem« bre 1894 et dont les heureux effets commencent à se « faire sentir. Ces sociétés de crédit agricole sont en effet « naturellement indiquées *pour négocier les warrants agri« coles, et ce sera pour elle une source d'opérations impor« tantes et de tout repos.* » Il faut voir également dans le développement des assurances contre la mortalité des animaux et contre les incendies ou les pertes de récoltes un moyen de consolider le crédit agricole en rassurant les sociétés qui prêtent en contemplation à la fois de la personne de l'emprunteur et de tout son patrimoine, en un mot de la « surface » qu'il présente.

Avant d'abandonner cette étude des opérations que se proposent les sociétés de crédit agricole, il importe de bien préciser comment elles distribuent le crédit ; cette question de savoir si le crédit doit être accordé en espèces ou en nature est importante, parce que, présentée dans le projet primitif sous la seconde forme, elle en était certainement un des caractères les plus originaux et a fait l'objet de sérieuses discussions.

L'exposé des motifs s'étend tout au long sur cette particularité ; M. Méline s'efforce d'y faire éclater l'avantage qui résulte d'une telle conception : « On confond généra-

« lement le crédit avec l'emprunt, et c'est de cette confu-
« sion que sont sorties toutes les objections des adversai-
« res du crédit agricole. Or, le crédit et l'emprunt sont
« choses absolument différentes, sinon opposées. Cette
« distinction est surtout vraie en agriculture. Que faut-il
« à l'agriculteur pour se procurer les engrais, les semen-
« ces, les instruments, le bétail dont il a besoin? Est-ce
« nécessairement de l'argent? Nullement. Ce qu'il lui faut,
« c'est un crédit suffisant de la part de ceux qui lui ont
« fait ces fournitures pour lui permettre d'attendre l'épo-
« que où il pourra les payer avec les produits de son
« exploitation. D'argent, il n'en a pas besoin, et il ne faut
« pas lui en donner, d'abord parce que l'emprunt aug-
« mente les charges de la culture, et ensuite parce qu'il
« fait naître chez celui qui le reçoit la tentation de l'em-
« ployer à autre chose qu'aux besoins de son exploitation ;
« il peut l'immobiliser dans des constructions ou des ac-
« quisitions de terres, payer ses dettes personnelles et
« glisser ainsi sans en avoir conscience sur la pente de la
« ruine. Il y a là un danger incontestable et qui frappe
« tous les yeux. Il est si grand qu'il a fourni, jusqu'à ce
« jour, aux adversaires du crédit leur argument le plus
« redoutable. Il tombe de lui-même, dans le système que
« nous nous proposons. Les syndicats ne doivent pas ver-
« ser d'argent aux agriculteurs. Ils se bornent à recevoir
« les billets que ceux-ci ont signés à leurs fournisseurs,
« et à y mettre leur garantie. Ils leur donnent cette se-
« conde signature si précieuse et aujourd'hui si difficile à

« trouver pour nos agriculteurs. Ils les arrachent ainsi « aux mains des usuriers et des intermédiaires qui les « exploitent souvent d'une façon si odieuse. Mais il faut « prévoir, que, même avec la garantie du syndicat, nos « agriculteurs ne trouvent pas toujours des fournisseurs « disposés à leur faire crédit (1). En cas pareil, nous au- « torisons les syndicats à leur donner ce qu'on peut appe- « ler « *le crédit en nature* » ; au lieu de leur verser de l'ar- « gent, il leur vendront directement ou même leur loue- « ront tous les objets dont ils peuvent avoir besoin pour « leur exploitation, machines, semences, engrais, bétail, « etc. »

Dans le projet primitif, il n'était donc pas question de versement d'espèces, d'avances de fonds, cette façon d'accorder le crédit étant considéré comme une source de ruine pour les solliciteurs ; « les syndicats transformés » en sociétés de crédit auraient, ou donné leur signature en garantie, ou fait des fournitures à crédit.

Un auteur que nous avons souvent eu l'occasion de consulter, M. L. Durand, traite de puérilité la distinction que l'on fait entre le prêt en nature et le prêt en argent ; selon lui tous deux aboutissent à une dette. Il y a peut-être

(1) Nous pensons qu'ils en trouveront toujours, grâce à la considération que le créancier éprouve pour la signature de la société de crédit, mais à un taux tellement élevé que tous les bons effets de la loi deviennent illusoires, le débiteur ayant pu, même sans la garantie du syndicat, mais en choisissant cette fois librement un prêteur, trouver de l'argent à aussi bon compte. L'inconvénient, c'est que le prêteur s'impose en faisant crédit, et qu'il n'a pas de concurrent le forçant à abaisser ses prétentions. Il dira à l'acheteur ! je fais crédit à telles conditions, acceptez ou payez.

quelque exactitude dans son opinion, mais il nous paraît se réfuter lui-même, dans l'exemple qu'il a choisi pour l'appuyer, et qu'il doit avoir incomplètement analysé.

« Un cultivateur, dit M. Durand, vend une paire de « bœufs et veut la remplacer ; s'il obtient crédit pour l'achat « de sa nouvelle paire de bœufs, ce crédit en nature ne lui « donne-t-il pas la libre disposition du prix de la paire qu'il « a vendue. »

Ces affirmations sont exactes ; le crédit en nature, c'est incontestable, donne à notre agriculteur la libre disposition du prix de la paire de bœufs vendue, puisque ce crédit, précisément, le dispense d'affecter ce prix au paiement de la paire rachetée. Mais si l'on veut examiner maintenant la situation qui lui serait faite au cas où, le crédit se réalisant en un prêt en espèces, il recevrait l'argent suffisant à désintéresser le vendeur, il est facile de remarquer que jusqu'au moment où il aura effectivement payé celui-ci, cet agriculteur aurait eu la libre disposition d'une somme à peu près double, savoir celle qui provient de la vente par lui faite et celle empruntée pour faire l'achat. Il aurait donc, dans cette hypothèse, pu engager une partie plus considérable de son patrimoine, et « glissé, selon l'expression de M. Méline, sur la pente de la ruine ».

On voit, par les résultats auxquels ils conduisent respectivement, que « le crédit et l'emprunt sont choses abso- « lument différentes, sinon opposées ». M. Durand, qui les confond, nous paraît être trop sévère pour le projet de loi Méline. Qu'il critique certaines dispositions de l'exposé des motifs ou même qu'il suspecte l'étude approfondie qui dut être faite par les promoteurs de la nouvelle institution, nous n'y voyons pas un grand inconvénient; il peut à loisir traiter de « théoriciens imbus de la science agricole » des hommes dont la compétence pratique en pareille matière n'est cependant plus discutée. Nous souscrivons également à la critique qu'il fait du crédit, en apparence si facile, que la société, par sa signature, permettrait de trouver auprès des fournisseurs. Nous avons nous-même fait cette critique en passant, et sommes volontiers avec lui quand il dit : « On n'a pas encore trouvé le secret du crédit gratuit; si « les auteurs du projet le possèdent, ils rendraient, en le « publiant, un signalé service, non seulement à l'agricul- « ture, mais aussi à l'industrie et au commerce. » Nous nous éloignons au contraire tout à fait de lui quand il critique l'utilité générale du projet de loi, spécialement le crédit en nature et qu'il prédit un échec à la loi qui devait être votée quelque temps après. Sans doute le projet primitif offrait des inconvénients sérieux; aussi a-t-il été modifié; mais il faut reconnaître qu'il est l'inspirateur de la loi que nous possédons et nous sommes heureux de constater que les pressentiments funestes de M. Durand ne l'aient pas empêché d'aboutir.

Il est bien vrai que souvent le cultivateur a besoin d'un crédit en argent, que ce crédit ne peut être suppléé par un autre en nature, par exemple pour le paiement de ses ouvriers, pour un achat dans une vente publique ou en foire. Mais s'ensuit-il que le projet de loi qui organisait les seuls prêts en nature ait pu être considéré de ce fait comme inutile ; n'était-il pas déjà bienfaisant en ce qu'il répondait à certains besoins de l'agriculture, sinon à tous. C'est bien notre avis, et nous avons cité une société dans la région du Nord qui s'en est tenue strictement aux principes qu'il posait en ce sens. Toutefois, il était préférable que la loi de 1894 visât aussi les cas où il est absolument nécessaire à l'emprunteur de toucher des espèces sonnantes, que les sociétés à créer, jouissant d'une plus grande latitude que celle accordée par le projet Méline, pussent consentir des prêts en argent à côté des prêts en nature. Les différentes discussions auxquelles elle a été soumise ont permis de faire ressortir ce besoin, et, dans son règlement définitif, elle autorise les prêts consentis en espèces et toutes les opérations d'escompte.

SECTION II. — Caractères généraux et nature juridique des sociétés de crédit agricole.

Sont-elles civiles ou commerciales ? — Les sociétés de crédit agricole sont des sociétés commerciales à objet civil. L'article 4 de la loi dispose : « Les sociétés de crédit autorisées par la présente loi sont des sociétés commerciales, « dont les livres doivent être tenus conformément aux « prescriptions du Code de commerce. » Il y-a là, semble-t-il, une dérogation légale au principe que les seules sociétés commerciales sont celles qui poursuivent des opérations commerciales, qui sont constituées en vue d'un commerce à exercer. « C'est, dit M. Thaller, d'après l'objet

« des actes que se détermine la classe à laquelle appar- « tient une société. » Partant de ce principe on a pu soutenir que les sociétés de crédit agricole faisant des opérations de banque, et on les appelle effectivement des banques agricoles, soient des sociétés commerciales (1). Nous croyons au contraire que, par leur nature, elles n'ont pas le caractère commercial ; car s'il en était ainsi, à quoi servirait la disposition de la loi de 1894 : « Les sociétés de « crédit agricole sont des sociétés commerciales » ? Le législateur n'aurait certainement pas pris la peine inutile de s'exprimer de la sorte, si ce qu'il établit ressortait de l'essence même des choses.

Sans doute nous lisons dans l'article 632 du Code de commerce : « La loi répute actes de commerce :

« 4° Toutes opérations de change, banque et courtage, etc.

« 5° Toutes opérations des banques publiques. » Mais il est remarquable qu'un acte n'a le caractère commercial par nature que s'il est susceptible de s'accomplir entre n'importe quelles personnes et non pas s'il doit être accompli dans un cercle de personnes déterminées. Or, les opérations de banque que traitent les sociétés de crédit agricole sont réservées à certaines personnes ; les prêts ne peuvent être faits qu'aux associés, aux syndicats ou membres de ces syndicats, et quand la loi dit dans le paragraphe 5 de l'article 632 « toutes opérations des banques publiques », elle entend parler de banques ouvertes à tout

(1) V. M. Arthuys, *Revue critique de législation et de jurisprudence* (1895).

le monde. L'accès des banques agricoles n'est pas libre à tout venant ; les sociétés de crédit agricole ne sont pas des banques publiques, mais *locales et privées*, et cela a été dit bien souvent. De plus le caractère de spéculation manque ici ; les banques agricoles ne veulent pas spéculer sur la circulation de l'argent ; ce qu'elles ont pour objet c'est de rendre des services aux agriculteurs en leur prêtant de l'argent. Nous en dégageons cette conclusion que leurs opérations ne sont pas commerciales et qu'elles-mêmes ne le sont pas davantage. Mais, qu'on le remarque bien, si les sociétés de crédit agricole ne nous apparaissent pas comme commerciales par essence, c'est moins parce que la spéculation y fait défaut, ainsi que certains auteurs le prétendent, qu'à cause de la nature particulière de leurs opérations limitées à un groupe spécial d'individus. Elles font partie des sociétés mutuelles, et forment une espèce de ces sociétés coopératives dont parle M. Thaller : « De pareilles « sociétés ont le caractère civil, non pas, ainsi qu'on le dit « généralement, parce que l'esprit de lucre ou de spécula- « tion est absent des associés. Elles manquent d'un élément « essentiel à la reconnaissance de la commercialité ; elles ne « participent à *aucune circulation de valeur*. Les coopéra- « teurs *empruntent ensemble des valeurs qu'ils consomme- « ront eux-mêmes*. Ils commencent sans doute par se les « répartir, mais c'est en vertu d'une distribution intérieure.

« On pourrait même aller jusqu'à refuser à ces entreprises « la dénomination de sociétés véritables ; la société doit « en effet se proposer un partage de bénéfices ; or, la coo-

« pération procède à des bonis de restitution qui ne sont « point à proprement parler des bénéfices, il est vrai « qu'elle rémunère aussi son capital. »

Tout ce que contient cette citation s'applique aux sociétés de crédit agricole. Il est bien vrai que l'on y voit chaque année un paiement d'intérêts aux capitalistes ; mais, nous l'avons expliqué déjà, c'est tout ce que les capitalistes comme tels peuvent espérer. Avec la conception nouvelle de la coopération, le capital n'est plus qu'un agent dont on rémunère les services. Quant aux dividendes il n'en est pas question dans les sociétés nouvelles : une forte portion des bénéfices passe au fonds de réserve ; l'autre est remise aux associés dans la mesure de leur participation, de leur coopération. L'article 3 tout entier de la loi de 1894 est consacré à l'exposition de cet état de choses. Des sociétés ainsi constituées seraient naturellement civiles. Avant la loi du 5 novembre il existait deux espèces de sociétés commerciales : 1° les sociétés commerciales par elles-mêmes, par leur nature propre ; 2° les sociétés par actions devenues commerciales en vertu de l'article 68 de la loi de 1893 par la forme qu'elles adoptent ; quant à celles-ci on s'accorde à reconnaître que toutes les dispositions qui régissent les sociétés commerciales de la première espèce leur sont applicables, sauf le dissentiment d'auteurs éminents en ce qui concerne le caractère juridique de leurs opérations. Ne peut-on pas dire que la loi de 1894 a créé une troisième sorte de sociétés commerciales, que nous appellerions volontiers *commerciales par l'autorité de la loi* et qui sont les sociétés de crédit agricole. La loi a voulu que, malgré leur objet civil, elles fussent commerciales, et dans sa teneur elle prend soin de le déclarer expressément Nous ne pensons pas du reste que la discussion pendante à propos du caractère juridique des actes accomplis par les sociétés commerciales à objet civil doive s'élever ici. Outre qu'elles ne sont pas par actions, ainsi que nous le verrons plus loin, la loi qui les déclare commerciales étant formelle, il faut accepter toutes les conséquences qui résultent de sa disposition, notamment : 1° elles sont obligées de tenir des livres comme les commerçants, et la phrase qui termine l'alinéa 1er (1) de l'article 4 est tout à fait inutile puisque l'obligation qu'elle impose se déduisait logiquement du commencement de l'article ; 2° elles sont justiciables des tribunaux de commerce ; 3° elles ont, sans contestation possible, la personnalité morale ; 4° elles peuvent être déclarées en faillite ou mises en liquidation judiciaire, etc.

Sont-elles sociétés de personnes ou de capitaux ? — Elles ont une forme sui generis. — Basées sur la moralité de ceux qui s'associent, les sociétés de crédit agricole sont des *associations de personnes* souvent avec responsabilité limitée. On y tient compte du talent, de l'honorabilité, de la solvabilité des associés ; l'*intuitus personæ* y joue un rôle essentiel, la considération de la personne embrassant l'é-

(1) « Les sociétés de crédit autorisées par la présente loi sont des sociétés commerciales dont les livres doivent être tenus conformément aux prescriptions du Code de commerce. »

tendue des garanties sur lesquelles on peut compter. Des conséquences importantes résultent de cette idée : 1° L'erreur sur la personne peut entraîner la nullité de la société. Appelées à fonctionner dans une région peu étendue, afin que tous les associés puissent se connaître et exercer un contrôle efficace sur la valeur morale de chacun d'eux, il est tout naturel que, dans l'esprit de la loi, ces sociétés soient annulables toutes les fois qu'une erreur s'est produite sur l'identité d'un de leurs membres, parce qu'alors les autres membres de la société n'ont plus pour collègue, pour garant, celui dont ils avaient apprécié le patrimoine et les qualités morales. 2° C'est de la même pensée que s'inspire une disposition de l'article 1er défendant à un associé de se substituer quelqu'un sans le consentement des autres : « Les parts ne seront transmissibles qu'avec l'agrément « de la société. » Nous reviendrons avec plus de détails sur le caractère des parts et le mode de transmission que les porteurs doivent employer pour les céder. 3° Enfin la société se dissout par la mort, l'interdiction, la faillite ou la déconfiture d'un des associés.

Les sociétés de crédit agricole diffèrent donc des sociétés de capitaux où l'*intuitus personæ* ne joue aucun rôle, l'argent seul entrant en considération. Aussi, et c'est l'application d'une des conséquences à déduire de leur nature, elles ne peuvent se constituer à l'aide de souscriptions d'actions, mais de parts d'intérêt : « Art. 1er. — Le capital so- « cial ne peut être formé par des souscriptions d'actions. « Il pourra être constitué à l'aide de souscriptions des

« membres de la société. Ces souscriptions formeront des « parts qui pourront être de valeur inégale. »

Différentes des sociétés de capitaux ou par actions, les sociétés de crédit agricole ont une place à part parmi les sociétés de personnes en général. Elles s'en distinguent en ce sens qu'aucun des associés n'est tenu *ad infinitum* des dettes sociales, au delà de son apport. L'engagement solidaire et indéfini qui est de l'essence même des sociétés de personnes fait ici défaut, au moins en tant qu'obligation légale. Il peut être stipulé ; mais il n'existe pas de plein droit comme dans les associations allemandes. Art. 2 : « Les statuts détermineront l'étendue et les conditions de la responsabilité qui incombera à chacun des « sociétaires dans les engagements pris par la société. » A stipuler la solidarité, il y a des avantages pour les tiers qui sont alors complètement garantis à l'égard de tous risques. Mais il y a pour les associés solvables des inconvénients si rigoureux (1) qu'ils auraient pu nuire à la formation des sociétés de crédit agricole. Le législateur a donc sagement agi, en laissant à la convention manifestée dans les statuts le soin de régler l'étendue de la responsabilité. Les sociétés de crédit agricole qui sont des sociétés coopératives ne sont pas nécessairement à capital variable. Quelques-unes ne prennent pas cette forme, par exemple la Caisse Agricole de la Région du Nord. Beaucoup cependant l'ont adoptée, telle la société de crédit mutuel agricole de la Haute-Marne à Chaumont. De raison sociale, il n'en

(1) V. plus loin.

existe pas plus que dans les sociétés anonymes ; les diverses sociétés se distinguent entr'elles par une dénomination exprimant l'objet de leur entreprise et souvent la contrée où elles fonctionnent. Comme on le voit, les sociétés de crédit agricole créées par la loi de 1894 ne rentrent dans aucune des formes de sociétés reconnues et réglementées par la législation antérieure. Elles constituent une espèce particulière, originale, *sui generis*, empruntant à l'une ou à l'autre de celles-ci quelques-uns de ses caractères, mais constituant un tout, un ensemble différent de chacune d'elles. « Il reste donc acquis, dit M. F. Ar-« thuys (1), que la loi de 1894 crée un type nouveau de « sociétés, non comme on l'a prétendu (séance du 20 juin « 1892), des sociétés anonymes sans actions, il y aurait « là quelque chose de contradictoire ; l'action est la part « d'associé dans une société de capitaux et la société ano-« nyme est par excellence une société de capitaux ; ce sont « plutôt, si l'on veut absolument un rapprochement, des « sociétés en commandite simple, moins les commandités, « composées uniquement de commanditaires.

Nous n'acceptons aucun des deux rapprochements et nous ne voyons pas pourquoi, s'il fallait en admettre un, on repousserait le premier de préférence. Il est bien vrai que la société anonyme est par excellence une société de capitaux ; mais il faut, pour apprécier le caractère d'une institution à l'effet de la classer dans une catégorie préexistante, envisager toute la législation et ne pas faire abstraction de

(1) *Revue critique de législation et de jurisprudence*, 1895, p. 327.

certaines innovations. C'est ce que faisait ressortir le rapporteur dans sa réponse à M. Etcheverry sur la question à la séance de la Chambre du 20 juin 1892 : « M. Etcheverry « demande si nos sociétés qui ne seront plus des sociétés « par actions seront néanmoins des sociétés anonymes. « M. Etcheverry, qu'il me permette de le lui dire, perd tou- « jours de vue notre point de départ, qui est la loi de 1884 « sur les syndicats professionnels ; il s'en tient, comme « M. Doumer, aux lois existantes, sans tenir compte de la « loi de 1884, et, comme il n'existe, de par ces premières « lois, que des sociétés anonymes par actions, je com- « prends qu'il se demande s'il est possible de créer des « sociétés anonymes (sans actions) en dehors de la loi de « 1884 qui a autorisé les sociétés anonymes par actions. »

Néanmoins, nous dirons avec M. Etcheverry que ces sociétés ne peuvent être anonymes parce qu'elles ne sont pas commerciales par nature ; mais nous repoussons également l'assimilation faite par M. Arthuys. Peut-on concevoir, en effet, des sociétés en commandite où il n'entrerait que des commanditaires ? Cette dernière expression appelle celle de commandités. Toute commandite se compose de deux espèces d'associés dont les rôles respectifs sont différents ; la qualité des membres qui composent les sociétés de crédit agricole est simple ; elle est la même pour tous.

Il est donc inutile, à notre avis, de tenter un rapprochement d'ensemble qu'il faut reconnaître impossible. La loi de 1894 a créé une nouvelle espèce de sociétés, et, pour répondre à diverses exigences, elle l'a conçue différente de tout type alors existant.

Ayant ainsi établi que les sociétés de crédit agricole, à objet civil, mais commerciales par autorité de la loi, forment un groupe à part, une variété *sui generis*, obéissant à certaines règles propres et spéciales, incapables de se constituer par souscriptions d'actions, mais n'acceptant pas davantage une solidarité légale de leurs membres, susceptibles toutefois de prendre la forme à capital variable et essentiellement coopératives, nous allons examiner si *ce sont des associations de prêteurs ou des associations d'emprunteurs*.

Nous avons déjà eu l'occasion de dire que le principe, la base des sociétés de crédit agricole c'était *la mutualité*. Dans ce seul mot se trouve toute la réponse cherchée. La mutualité nous apparaît comme l'engagement réciproque que prennent respectivement certaines personnes les unes vis-à-vis des autres de se venir en aide. Elle est une application, une forme vivante de ce principe de Bastiat : « Le bien de chacun favorise le bien de tous, comme le « bien de tous favorise le bien de chacun. » On distingue trois sortes d'associations mutuelles, selon qu'elles ont en vue la production, la consommation ou le crédit ; nous sommes ici en face d'associations mutuelles de crédit. Chaque associé en fait partie en vue de procurer du crédit à son coassocié, en même temps qu'il espère, en cas de besoin, trouver du crédit auprès de celui-ci. On voit par là que les membres des sociétés de crédit agricole jouent tour à tour le rôle de prêteurs et d'emprunteurs. La qualité de chacun d'eux est constamment double ; ils sont à la fois solliciteurs et garants. Chacun étant responsable pour tous et tous pour chacun, la garantie résultant de cette combinaison est d'une solidité très grande. C'est là un avantage sérieux ; il en est un autre bien appréciable aussi : la pensée qu'un jour ou l'autre il devra lui-même recourir à l'emprunt détermine le prêteur d'aujourd'hui à poser des conditions relativement douces, à demander de son argent un taux modéré ; il sait en effet que son emprunteur d'hier sera son prêteur demain et que, par une réciprocité heureuse, le service qu'il consent aujourd'hui à un voisin lui sera rendu au premier besoin. Ces deux idées ont été admirablement développées par M. Méline : « Comment obtenir des agriculteurs qu'ils s'engagent pour leurs voisins ? Je ne vois qu'un moyen de les y décider, c'est de « leur donner la certitude qu'ils obtiendront à leur tour le « même service le jour où ils en auront besoin, la certitude que, le lendemain, quand ils auront également besoin de crédit, ils trouveront des amis et des voisins pour « les cautionner et répondre de leur dette. Ce système de « garantie réciproque a un nom, il s'appelle « la mutualité », « et les banques ainsi organisées s'appellent des « banques « mutuelles ». La mutualité, voilà le grand principe sur « lequel repose tout notre projet. Ajoutez, pour comprendre la force de la mutualité, à la valeur du jugement « porté par les voisins de l'emprunteur, le sentiment particulier de l'emprunteur lui-même. Ne voyez-vous pas

« que, dans toutes nos petites communes, l'emprunteur « cautionné par ses voisins sera poursuivi par la pensée « que, s'il ne paie pas, ils seront obligés de payer pour « lui ? Il trouvera dans cette réflexion l'excitation la plus « puissante pour se libérer à l'échéance. Il ne voudra pas « s'exposer à perdre l'estime générale par son défaut de « loyauté... Voilà donc le premier résultat du crédit mutuel : « *Solidité exceptionnelle du prêt*. Le second résultat, c'est « la possibilité d'avoir de l'*argent à bon marché*. »

Banques locales et privées. — Mais ces deux résultats on ne peut les obtenir qu'à condition de créer les associations de crédit mutuel dans une région relativement peu étendue, dans une localité assez petite pour que tous les associés se connaissent et, se rencontrant souvent, se montrent sensibles aux sentiments d'amour-propre dont il est fait tant de cas dans cette citation. S'il répugne tant au banquier, au capitaliste de la ville de prêter à l'agriculteur, c'est aussi et c'est surtout parce qu'il connaît mal celui qui vient lui demander de l'argent. Le banquier sera peu tenté de faire l'escompte d'un billet à lui présenté par le cultivateur, car il préfère les clients qui escomptent souvent et qui sont plus rapprochés de lui. « Or ce paysan « qui habite au fond de la campagne, qui est-il, que vaut-il, « paiera-t-il ? Voilà le véritable nœud de la question. » Le crédit personnel est basé sur la probité et la capacité de l'emprunteur ; mais, comme le dit M. Touillon (1), « cette « probité, cette capacité sont des forces de crédit d'autant

(1) Thèse sur le crédit agricole.

« plus énergiques qu'elles ont plus de notoriété, plus de « rayonnement. Eh bien ! les conditions modestes, la re- « traite au sein de laquelle s'écoule l'existence du cul- « tivateur, la difficulté qu'il y a, si l'on n'est pas du métier, « à se rendre compte de l'habileté d'un chef d'entreprise « agricole, cette double circonstance limite à une sphère « très restreinte la puissance que les qualités person- « nelles de l'emprunteur communiquent à son crédit. « Sans doute leur influence s'exercera fortement sur « les voisins, sur les habitants de la commune ; elle se « fera sentir encore quoique affaiblie, dans le canton, mais « elle dépassera rarement cette limite. » Voilà pourquoi il ne fallait pas penser à constituer le crédit agricole au moyen d'un établissement central de crédit, ainsi que la proposition en a été souvent faite, pourquoi la motion de M. Jaurès en ce sens, lors de la discussion de la loi de 1894, a été repoussée, pourquoi on a bien fait aussi, quand il a été question du renouvellement du privilège de la Banque de France, de ne pas donner à celle-ci le rôle de dispensatrice du crédit agricole. C'est de l'initiative privée se développant dans un petit milieu que doit naître et grandir la force de ce crédit et c'est bien sur de telles bases que le projet de loi était conçu, que la loi de 1894 elle-même a été votée. N'est-ce pas M. Méline, en effet, qui prononçait à la Chambre ces paroles si justes : « Les capitalistes sont « trop loin des agriculteurs et ils n'ont pas la possibilité « ni de se procurer des renseignements, ni d'exercer ce con- « trôle. Il n'y a que les agriculteurs eux-mêmes, que les

« habitants de la commune habitée par les emprunteurs, « ses voisins et les amis qui puissent fournir ces rensei- « gnements. Eux seuls sont en mesure de savoir ce que « vaut chaque agriculteur au point de vue du crédit, « quelle est sa capacité, sa probité, et par conséquent les » chances de remboursement qu'il offre à l'échéance de sa « dette (1). »

Les promoteurs de la loi nouvelle étaient si bien pénétrés de cette idée que seules pouvaient réussir des banques où les associés auraient une connaissance profonde et réciproque de leur valeur respective, qu'ils ont voulu se servir d'institutions offrant déjà ces caractères d'union et d'intimité, je veux parler des syndicats. Suivant l'heureuse expression de M. Levasseur, membre de l'Institut, « le syndicat agricole « est la molécule germinative des caisses de crédit agri- « cole ». Toutefois, s'il est vrai que les syndicats sont restés, dans la loi de 1894, les agents indispensables des sociétés de crédit agricole, il est bon de remarquer que le rôle qu'ils devaient avoir dans l'esprit des auteurs du projet était de se transformer eux-mêmes en sociétés de crédit. « Pour asseoir le crédit agricole sur une base solide, dit « encore M. Méline, il est indispensable de l'organiser *par « en bas* d'abord, et non par en haut. C'est en bas, c'est-à- « dire dans chaque canton, sinon dans chaque commune, « qu'il faut trouver ce jury de classement, si on peut l'ap- « peler ainsi, composé d'hommes impartiaux et compétents « en état de déterminer presque à coup sûr, sous leur res-

(1) *J. O.*, 1892, *Débats parlem.*, p. 823.

« ponsabilité, la capacité de crédit de chaque agricul-« teur ; ce jury doit composer la *banque locale* qui consti-« tue le premier anneau indispensable de la chaîne de cré-« dit. » Afin de rendre cette organisation plus facile on propose d'étendre la loi du 21 mars 1884 sur les syndicats professionnels, « en permettant à ces syndicats de faire « des opérations de crédit au même titre qu'ils font les « autres ».

Le texte primitif voté par la Chambre était ainsi conçu : « Tout syndicat professionnel a la faculté de se constituer « en société de crédit pour faciliter et pour garantir les « opérations de toute nature rentrant dans ses attributions « et réalisées soit par lui, soit par un ou plusieurs de ses « membres. » Cette conception a été repoussée au Sénat (1), et le véritable rôle des syndicats est, en définitive, non pas de se faire banques de crédit, mais de susciter la création de ces banques dont les associés doivent être adhérents à leurs statuts. L'article 1er de la loi dispose : « Les « sociétés de crédit agricole peuvent être constituées, soit « par la totalité des membres d'un ou de plusieurs syndi-« cats professionnels agricoles, soit par une partie des « membres de ces syndicats. »

Le législateur a-t-il sagement agi en n'accordant qu'aux syndiqués le droit de s'associer. Lorsque le projet modifié sur ce point par le Sénat est revenu devant la Chambre des députés, M. Jaurès a vivement critiqué cette restriction à

(1) Nous avons vu précédemment les inconvénients qu'elle comportait, p. 58 et suivantes.

certaines personnes de la faculté de faire partie d'une société de crédit agricole. « Pourquoi, disait-il, restreindre « par l'article 1er la loi aux syndicats agricoles, pourquoi « les agriculteurs auxquels il ne plairait pas de s'affilier « aux syndicats agricoles ne pourraient-ils pas se réunir « pour créer une société de crédit. » La citation que nous avons déjà faite (1) du rapport de M. Labiche pourrait sembler être une réponse suffisante à la question de M. Jaurès. Mais celle-ci, dans l'ordre chronologique, vient après, ce qui laisse supposer que son auteur n'était pas satisfait de la justification donnée précédemment par le rapporteur au Sénat. Nous ne le sommes pas davantage. Sans doute le législateur a pu considérer qu'accordant de nombreuses faveurs aux nouvelles sociétés il lui était loisible, en compensation de ces avantages, de déterminer quelles personnes il entendait, à l'exclusion de toutes autres, en faire profiter. Nul ne peut lui contester ce droit, et même il avait, en l'exerçant, l'assurance que les associés, étant syndiqués, étaient des cultivateurs. Mais si l'on recherche les vrais motifs qui ont inspiré la loi, si l'on veut creuser un peu cette idée que l'intérêt de tous les agriculteurs était l'objet de la préoccupation de ses auteurs, on doit regretter, avec M. Jaurès, cette limitation. Elle aurait une excuse dans le désir de laisser aux syndicats qui ont fait les premiers efforts en vue de la propagande des sociétés nouvelles l'honneur exclusif de les former. Peut-être aussi pourrait-on dire que les syndicats n'acceptant eux-mêmes que

(1) V. p. 71.

des membres dont l'honorabilité et la solvabilité sont avérées, ils peuvent être considérés comme ayant exercé au préalable, et dès l'entrée du syndiqué dans leur sein, un contrôle dont profiteront les sociétés. Il y a là en effet une garantie sérieuse de moralité qui paraît ne plus avoir besoin d'être établie. Mais qu'on y prenne garde ; à côté de cet avantage se place un danger. Trop rassurés par ce fait que certaines personnes ont été acceptées comme membres d'un syndicat, et se reposant dans une fausse sécurité, les associés vont peut-être accueillir ces personnes parmi eux sans un nouvel examen ; ils courront ainsi quelquefois le risque de posséder des coassociés d'une solvabilité douteuse. On dira, il est vrai, que ces raisons sont très spécieuses, et dans un sens général on objecte que c'est peu demander aux agriculteurs que d'exiger leur adhésion à un syndicat pour, en retour, leur offrir les avantages de l'association : « L'association professionnelle est le foyer « d'où naît l'idée du progrès à accomplir, où s'enseignent « les moyens pratiques de le réaliser, où se nouent enfin « les liens d'une étroite solidarité. Ce n'est point trop exi- « ger de celui qui veut emprunter sous la garantie collective « de ses camarades de travail que de lui demander d'en faire « partie. »

Cette opinion flatte tout d'abord ; elle est loin cependant de nous avoir convaincu. Nous connaissons trop bien le paysan pour croire qu'on obtiendra facilement son adhésion à un syndicat, en faisant miroiter à ses yeux les avantages de l'association. Il se demandera pourquoi la loi lui impose la qualité de syndiqué ; faute peut-être d'en apercevoir les raisons seulement apparentes, il trouvera que cette obligation est une mesure disciplinaire à laquelle il lui répugne de se plier, et il ne sera pas de la société, uniquement parce qu'il ne voudra pas être du syndicat. Un autre reproche encore, et beaucoup plus grave celui-là, peut être fait aujourd'hui à la disposition dont nous nous occupons. Il a été mis en lumière par la proposition de M. Lecour Grandmaison développée au Sénat par M. Halgan le 16 mars dernier, au sujet d'un article de la loi sur les caisses régionales. Avec la restriction aux syndiqués du droit de faire partie des caisses de crédit agricole, l'avance de 40.000.000 et la redevance annuelle de la Banque de France seront exclusivement attribuées à des membres de syndicats. Les associations de crédit créées sous le régime de la loi de 1867 n'en pourront pas profiter, et comme l'a dit M. Halgan avec beaucoup d'à-propos, « ceux-« là que l'on frappe d'ostracisme sont les ouvriers de la « première heure ». La disposition limitative de la loi peut donc donner lieu à de nombreuses critiques ; elle ouvre le champ à de sérieuses discussions et les opinions contradictoires peuvent se défendre avec un égal succès. Il faut certainement y voir une conséquence, d'ailleurs toute naturelle, de l'idée première que le crédit devant être fourni en nature par les syndicats transformés eux-mêmes en sociétés de crédit, il fallait nécessairement appartenir à un syndicat pour en être distributeur ou en profiter. Juste alors, elle peut le paraître moins aujourd'hui que l'économie du projet primitif a varié ; elle a été cependant maintenue, et quoi qu'il en soit elle est formelle et tient à l'écart des associations de crédit bon nombre d'agriculteurs qui en feraient partie, sans l'obligation qu'elle impose.

SECTION III. — **Formation et preuve. — Rédaction des statuts. — Publicité.**

Nous venons d'examiner quelles conditions particulières doivent remplir les personnes qui veulent être membres d'une société de crédit agricole. Si elles possèdent d'ailleurs la capacité de droit commun à l'effet de s'associer, elles n'auront plus qu'à remplir certaines conditions de formes pour la rédaction des statuts et les formalités de publicité.

1° *Rédaction d'un acte de société. Preuve.* — En droit commun, un écrit est exigé pour constater l'existence des sociétés commerciales autres que la participation. Cette obligation résulte de l'article 39 du Code de commerce et doit être entendue en ce sens, non pas que l'acte de société est exigé *ad solemnitatem*, comme condition *sine qua non* de la formation du contrat, mais *ad probationem*. Elle constitue une dérogation à l'article 109 du Code de commerce qui admet tous les moyens de preuve en matière commerciale ; par exception à cet article, la société ne peut être prouvée par témoins ou par présomptions de fait, quelque minime que soit son objet. La règle générale du droit commun impose également autant d'écrits qu'il y a d'associés en nom si l'écrit exigé pour constater l'existence de la société est un acte sous seing privé (art. 39, C. com. et 1325, C. civ.). Dans les sociétés par actions on se contente cependant de deux originaux, dans un but de simplification et d'économie.

La loi de 1894, en créant une espèce nouvelle de sociétés commerciales, n'a pas réglementé la question de rédaction d'un ou plusieurs actes de société. Mais M. Méline ayant déclaré, dans la séance du 16 juin 1892 (1), « qu'il n'y avait « pas d'acte de société mais simplement des statuts et que, « quant à *l'acte de société, il était remplacé* par le dépôt des « statuts », nous devons décider, argumentant de cette déclaration et de la pensée de faveur qui a inspiré toute la loi, que les seuls actes à rédiger seront les deux exemplaires nécessaires pour remplir les formalités de publicité. Ils ont du reste la même portée et la même valeur juridique que ceux exigés dans les autres sociétés commerciales.

2° *Rédaction des statuts.* — Les statuts contiendront très souvent des clauses nées de la libre convention des parties ; c'est la règle en cette matière que beaucoup d'initiative soit laissée aux contractants. Mais comme clauses obligatoires, il convient de citer et d'étudier plus spécialement : l'objet, le type et la durée de la société ; — la détermination du siège social et du mode d'administration ; —

(1) *J. officiel* du 17. Chambre des députés, p. 826-827.

la fixation des conditions nécessaires à la modification des statuts et à la dissolution de la société ; — la composition du capital et la proportion dans laquelle chacun contribuera à le former ; — la réglementation des opérations sociales ; — l'étendue et les conditions de la responsabilité des associés ; — l'emploi à faire des bénéfices.

La rédaction des statuts est l'œuvre des fondateurs, de ceux qui ont pris l'initiative de grouper quelques agriculteurs du pays, de la commune, appartenant à un syndicat, en vue de fonder une société de crédit agricole. Ces statuts sont provisoirement portés à la connaissance des intéressés par tous moyens possibles, notamment par l'organe des journaux d'agriculture. La plupart des énonciations qu'ils contiendront dans leur rédaction définitive seront étudiées plus loin avec détails ; nous en parlerons donc brièvement ici.

Nature de la société. — Les premiers articles indiquent le type, la forme, la dénomination, l'objet et la durée de la société, par exemple :

« *Société de crédit mutuel agricole de la Haute-Marne, à Chaumont, créée conformément à la loi du* 5 *novembre* 1894, *à capital variable.*

« Art. 1er. — Il est formé entre les membres du syn-
« dicat central agricole et viticole de la Haute-Marne, à
« Chaumont, qui ont adhéré ou adhèreront aux présents
« statuts une société de crédit agricole sous la dénomina-
« tion de « Société de crédit mutuel agricole de la Haute-
« Marne ».

« Tout sociétaire est réputé avoir adhéré aux statuts et « est lié par la décision, tant de l'assemblée générale que « du conseil d'administration agissant dans leur compé- « tence respective.

« Art. 3. — La société a pour objet de faciliter à ses « membres le crédit dont ils peuvent avoir besoin pour « des opérations se rattachant à l'industrie agricole : achat « d'engrais, semences, animaux reproducteurs et de tra- « vail, instruments agricoles, denrées alimentaires pour « le bétail.

« Elle peut recevoir des dépôts de fonds en compte cou- « rant avec ou sans intérêt, se charger des recouvrements « et des paiements ; elle peut contracter des emprunts « pour constituer ou augmenter son fonds de roulement.

« La société s'interdit formellement toute affaire de spé- « culation financière.

« Art. 4. — La société aura une durée illimitée. »

Siège de la Société et administration. — Le siège de la société est généralement établi à l'endroit où la société s'est constituée, mais il peut toujours être transféré ailleurs par une décision prise en assemblée générale. C'est également l'assemblée générale qui nomme les administrateurs ; elle est toute puissante à cet égard, nomme autant de membres qu'il lui convient et peut, si bon lui semble, les choisir en dehors des associés. A défaut d'un conseil d'administration désigné par l'assemblée, la société serait administrée par tous ses membres ayant nécessairement pouvoir à cet effet comme associés en nom.

Modification des statuts et dissolution. — Nous verrons postérieurement que c'est à la réunion des porteurs de parts, en assemblée extraordinaire, qu'il appartient de faire aux statuts les modifications jugées ou devenues nécessaires, et de se prononcer sur la dissolution anticipée de la société.

Composition du capital. — Nous ferons également plus loin une étude spéciale du capital social composé de parts qui peuvent être de valeur inégale, très minime quelquefois. Chaque associé peut en principe en posséder un nombre indéfini ; mais les statuts imposent souvent l'obligation pour chaque associé de ne pas dépasser un maximum ; c'est ainsi que la société de Belleville-sur-Saône fixe à 50 le nombre maximum des parts qu'un seul associé aura le droit de souscrire. Légalement, la société n'est définitivement constituée qu'après la souscription intégrale et le versement du quart du capital ; dans la pratique, on exige le versement d'une fraction plus forte que le quart (1).

Réglementation des opérations. — C'est aux administrateurs que le soin de fixer le maximum des dépôts à recevoir en comptes courants devrait appartenir ; les dépôts en comptes courants servent à augmenter le fonds de roulement de la société ; on conçoit que celui-ci ait besoin de s'alimenter et de grandir ou diminuer proportionnellement au développement que prennent les affaires sociales. Il

(1) V. les statuts des Sociétés d'Amiens et de Chaumont.

eût donc été préférable de laisser à ceux qui ont la gestion de ces affaires la mission de déterminer en connaissance de cause dans quelle mesure on ouvrirait des comptes courants. Par prévoyance sans doute, la loi a décidé que les statuts auraient à faire cette fixation *a priori* ; c'est une règle critiquable, mais qu'on peut, croyons-nous, corriger à l'aide d'une interprétation plus large de son texte (1).

Etendue et conditions de la responsabilité des sociétaires. — C'est ici que se pose la question célèbre de la responsabilité limitée ou indéfinie qui peut être imposée aux associés. Nous renvoyons pour les détails à l'examen que nous faisons des droits et obligations des porteurs de parts. En fait, dans la nouvelle loi presque tous les statuts adoptent une réglementation qui limite l'engagement de chacun des associés au montant de sa mise.

Emploi à faire des bénéfices. — Nous n'en dirons également qu'un mot, sauf à y revenir plus longuement en parlant des comptes annuels et de l'inventaire. Les statuts règlent la répartition des bénéfices, tout en observant la prohibition légale en ce qui concerne la distribution de dividendes. L'article 3 tout entier de la loi de 1894 est consacré à cette répartition des bénéfices.

La liste des sociétaires et des administrateurs que la loi n'exige pas ici est nécessaire pour la publicité, ainsi qu'il est exprimé dans l'article 5.

(1) V. ce que nous disons à l'étude du fonds de roulement, p. 108 et opinion de Benoît-Lévy, *Manuel des sociétés de crédit agricole*, p. 24, n° 22.

Lorsque la rédaction des statuts est un fait accompli, les fondateurs provoquent une réunion en assemblée générale constitutive de tous les souscripteurs de parts, à l'effet de nommer les premiers administrateurs et d'approuver la formation de la société de crédit agricole qui se trouve alors définitivement et régulièrement constituée.

3° *Formalités de publicité.* — L'obligation d'accomplir des formalités de publicité et les conditions de cette publicité résultent de l'article 5 de la loi de 1894 : « Les con-« ditions de publicité prescrites pour les sociétés commer-« ciales ordinaires sont remplacées par les dispositions « suivantes : Avant toute opération, les statuts avec la « liste complète des administrateurs ou directeurs et des « sociétaires, indiquant leurs noms, profession, domicile et « le montant de chaque souscription, seront déposés en « double exemplaire, au greffe de la justice de paix du « canton où la société a son siège principal. Il en sera « donné récépissé. Un des exemplaires des statuts et de la « liste des membres de la société sera, par les soins du « juge de paix, déposé au greffe du tribunal de commerce « de l'arrondissement.

« Chaque année, dans la première quinzaine de février, « le directeur ou un administrateur déposera, en double « exemplaire au greffe de la justice de paix du canton, « avec la liste des membres faisant partie de la société à « cette date, le tableau sommaire des recettes et des dé-« penses, ainsi que des opérations effectuées dans l'année « précédente. Un des exemplaires sera déposé par les

« soins du juge de paix au greffe du tribunal de com-
« merce.

« Les documents déposés au greffe de la justice de paix « et du tribunal de commerce seront communiqués à tout « requérant. »

On voit par les dispositions contenues dans cet article que la loi a prévu pour les sociétés de crédit agricole deux sortes de publicité : une publicité originaire consistant en formalités à accomplir dès la constitution, et une publicité permanente ou périodique dont les formalités se renouvellent à époque fixe chaque année. Quant à la publicité des modifications apportées aux statuts pendant la durée de la société, elle est la même que celle que la loi impose à l'époque de la formation.

Formalités originaires. — Elles diffèrent des mêmes formalités exigées pour les sociétés commerciales en général, en ce qui concerne : l'époque à laquelle elles doivent être accomplies ; l'unique dépôt au siège principal ; la communication à faire du dépôt fait à son greffe par le juge de paix ; la présentation (dans les sociétés par actions) des pièces justificatives de l'accomplissement des conditions exigées pour la constitution définitive ; les publications par la voie des journaux.

Dans les sociétés commerciales ordinaires, la loi exige que la publicité soit faite dans le mois qui suit la formation de la société.

Le législateur de 1894 a été mieux inspiré en exigeant que les mesures de publicité soient accomplies « avant toutes opérations ». Les tiers ne courent pas alors le danger d'opérer avec une société dont la publication n'aurait pas eu lieu.

Que la société ait ou non plusieurs succursales, l'article 5 n'impose le dépôt qu'au seul greffe de la justice de paix du canton où la société a son siège principal ; le dépôt au greffe de la justice de paix de chaque succursale est donc inutile ici. Le juge de paix qui reçoit deux exemplaires des statuts a mission d'en remettre un au greffe du tribunal de commerce de l'arrondissement. Ce n'est pas sans raison que l'on critique cette obligation imposée à un magistrat dont la responsabilité est ainsi engagée par un acte qui sort de ses attributions normales.

Dans le projet originaire le double dépôt à effectuer devait avoir lieu à la mairie et à la sous-préfecture. Mais M. Etcheverry ayant fait devant la Chambre des députés quelques observations au sujet de l'ingérence inopportune de l'administration en cette matière, la commission du Sénat a modifié ce point particulier. M. Labiche rappelle, dans son rapport au Sénat, cette modification spéciale et la pensée de simplification générale qui a dirigé le législateur. « Dans cet article (art. 5), dit-il, sont édictées les con-
« ditions de publicité. Nous avons cherché à les rendre
« aussi simples que possible. Le caractère commercial de
« ces sociétés nous a fait penser que le dépôt aux greffes
« du juge de paix et du tribunal de commerce était préfé-
« rable au dépôt à la mairie et à la sous-préfecture, qui
« était prévu dans la proposition. » La loi ne contenant

aucune disposition analogue à celle qui dans les sociétés par actions exige l'annexion à l'acte de société publié des pièces justificatives de l'accomplissement des conditions exigées pour la constitution de la société, il ne peut être question ici d'une pareille obligation ; elle se comprendrait mal du reste dans une espèce de société où les assemblées de vérification d'apports en nature et de versements n'ont pas lieu.

Enfin la publicité par la voie des journaux n'est pas non plus requise ici. Les bulletins agricoles ne manquent pas du reste, en pratique, de faire une publication suffisante des statuts de sociétés nouvellement créées.

Formalités de publicité périodiques. — La loi détermine exactement la période de l'année durant laquelle ces formalités devront être remplies — la première quinzaine de février. — Elles sont en somme les mêmes que les formalités originaires sauf qu'il y est joint « un tableau sommaire « des recettes et des dépenses, ainsi que des opérations « effectuées dans l'année précédente ». Quant à la sanction de l'obligation de publier les statuts, elle consiste, pour les formalités de publicité originaire, en un droit pour les tiers de demander la nullité des actes conclus avec la société avant leur accomplissement ; elle s'adresse également à la responsabilité des fondateurs et des premiers administrateurs ; en ce qui concerne les formalités périodiques, elle entraîne la condamnation des administrateurs ou du directeur chargés de les remplir.

SECTION IV. — **Fonctionnement des sociétés de crédit agricole.**

1° *Moyens de fonctionnement. — Du fonds de roulement.* — Dès qu'elles sont constituées, les sociétés de crédit agricole ont besoin de ressources suffisantes pour procurer le crédit. Il leur faut un fonds de roulement capable d'alimenter les opérations sociales. Ce fonds de roulement s'obtient à l'aide de trois moyens différents : souvent la souscription d'un capital social ; — les dépôts faits sous différentes formes par les syndicats ou les membres des syndicats ; — des emprunts au public.

Du capital social. — Les sociétés de crédit agricole disposent presque toujours d'un capital social. Celui-ci est souvent très minime. Il pourrait même se faire que comme les caisses de prêts allemandes de Raiffeisen, les banques agricoles fussent constituées sans capital. Elles opéreraient alors exclusivement avec des fonds empruntés ou déposés ; mais ces cas sont rares dans notre pays, et si le capital est souvent très faible, il existe néanmoins la plupart du temps. L'absence possible de capital dans les sociétés créées sous le régime de la loi de 1894 ne fait aucun doute après la discussion que suscita à la Chambre des députés le 20 juin 1892 un amendement de M. de Lanjuinais ayant pour but de laisser aux statuts le soin de réglementer le montant du fonds de réserve (1). Elle résulte du reste

(1) V. à l'étude du fonds de réserve, sur cet amendement.

d'une disposition de la loi de 1894 où il est dit que les sociétés de crédit agricole peuvent faire des emprunts pour « *constituer* » leur fonds de roulement.

L'importance est grave de savoir s'il y a ou non un capital social parce qu'en l'absence de celui-ci, la responsabilité des associés n'ayant pas de mesure est forcément illimitée.

En supposant qu'il y a eu souscription d'un capital, celui-ci peut être variable ou non suivant la modalité adoptée par la société. Citons tout de suite la particularité exprimée par le dernier alinéa de l'article 1er. « Dans le cas où la « société serait constituée sous la forme de société à capi- « tal variable, le capital ne pourra être réduit par les « reprises des apports des sociétaires sortants au-dessous « du montant du capital de fondation. » La Société de crédit mutuel agricole de Chaumont (Hte-Marne) est formée à capital variable.

Les associés ont à fournir le capital social ; aucune quotité n'étant fixée par la loi, c'est aux statuts qu'il appartient de la déterminer : « Art. 2. Les statuts détermineront « la composition du capital et la proportion dans laquelle « chacun de ses membres contribuera à sa constitution. »

Nous avons déjà eu l'occasion d'indiquer, à propos de la distinction des sociétés en associations de capitaux et en associations de personnes, que les sociétés de crédit agricole ne procédaient pas, pour la formation de leur actif social, par voie d'appel au public au moyen d'émission d'actions Cette constatation nous a conduit à les ranger dans la seconde espèce d'associations.

Le capital se constitue ici par appel à un public spécial dont font partie tous les syndicats agricoles et chacun de leurs adhérents pris individuellement; mais l'appel à ce public se fait au moyen d'émission de parts, s'il est permis de s'exprimer ainsi.

Nous arrivons à l'étude difficile et semée de controverses de la distinction à faire entre l'action et la part d'intérêt.

Dans la séance du 20 juin 1892, à la Chambre des députés, la question fut nettement posée par M. Etcheverry au rapporteur de la loi sur le point de savoir en quoi elle consistait. La réponse du rapporteur fut singulièrement embarrassée, et l'on finit par conclure qu'il n'y avait entre les deux termes qu'une différence d'expression, et qu'en somme, les auteurs du projet de loi voulaient, afin d'éloigner les spéculateurs, interdire les souscriptions d'actions. M. Etcheverry : « Après les explications de M. le « rapporteur, il me semble que le mot part est synonyme du « mot action ? » — M. le rapporteur : « Oui. » — M. Etcheverry : « Alors pourquoi changer le nom ? » — M. le rap- « porteur : « Parce que l'action donne à la spéculation « des facilités que la part d'intérêt ne lui offre pas. » Voilà un langage bien équivoque : Le rapporteur qui vient d'approuver la synonymie des deux expressions et qui en trouve le sens différent relativement aux facilités qu'elles offrent à la spéculation, il faut convenir qu'il y a là de quoi dérouter les commentateurs les plus subtils et les mieux clairvoyants. Nul doute qu'il y ait à faire une distinction profonde entre l'intérêt et l'action. Bien des systèmes sont en présence pour l'établir.

Les uns prétendent que le caractère essentiel et constitutif de l'action c'est sa cessibilité absolue, la part d'intérêt n'étant pas cessible. « Partout où la cessibilité existera, se rencontrera, il y aura une action ; partout où « elle n'existera pas, il n'y aura qu'un intérêt (1). » « Nous « sommes convaincus, dit M. Batbie, que la cessibilité est « la ligne divisoire entre l'action et l'intérêt, et je me « rallie au système qu'enseignait M. Bravard-Veyriè- « res (2). »

Il nous semble que la cessibilité ne peut être la ligne divisoire entre l'action et l'intérêt ; car, lorsqu'il admet que la part d'intérêt n'est cessible qu'avec le consentement des autres associés, il reconnaît implicitement qu'elle peut être cédée. C'est sous certaines conditions que la cessibilité de la part d'intérêt est possible ; mais il suffit qu'elle le soit pour ôter toute force aux systèmes de MM. Bravard-Veyrières et Batbie.

Une seconde doctrine enseignée par M. Demante distingue l'action de l'intérêt, suivant que les fractions du capital sont ou non d'égale valeur. Si c'était là le fondement de la différence, nul doute que les parts des sociétaires de la loi de 1894 soient des parts d'intérêt en présence de cette disposition de l'article 1er : « Ces parts pourront être « d'une valeur inégale. » Ce critérium qui repose tout

(1) M. Bravard-Veyrières, *Traité de droit commercial*, t. I, p. 261.

(2) M. Batbie, Lettre à M. Beudant, *Revue critique de législation et de jurisprudence*, t. 34, 1869, p. 328 et suiv.

entier sur une modalité du partage du capital ne nous paraît pas acceptable, il est loin d'être infaillible, puisqu'il peut y avoir inégalité des actions dans une société anonyme et que, d'autre part, il arrive que toutes les parts dans une société en nom collectif soient d'égale valeur. Il existe donc une différence plus profonde, plus fondamentale entre les deux termes de comparaison.

D'après une autre opinion, soutenue par M. Vavasseur (1), et qui justifie bien aussi le caractère de parts d'intérêt dans la loi de 1894, c'est au mode de transmission qu'il faudrait s'attacher pour décider. Les actions seraient transmissibles par les modes indiqués au Code de commerce ; les parts d'intérêt au contraire ne se transmettraient que conformément à l'article 1690 du Code civil. Là encore, nous reprochons au système de baser la distinction sur une manière d'être alors qu'il doit nécessairement exister une différence d'essence, de nature. Du reste c'est une erreur de penser que les parts d'intérêt ne sont transmissibles que par transfert suivi d'acceptation dans un acte authentique ou de signification au cédé (V. à ce sujet dans la loi de 1894). Ce ne sont pas du reste les seuls systèmes proposés ; nous arrivons à ceux qui nous paraissent approcher le plus près de la vérité.

Pour M. Beudant, la distinction entre l'intérêt et l'action correspond à la division des sociétés en sociétés de personnes et sociétés de capitaux. « L'intérêt, dit M. Beu-

(1) *Traité des sociétés*, n°s 327 et s.

« dant (1), c'est le droit de l'associé quand la considération « de la personne a été, de la part des contractants, l'élé- « ment déterminant de leur accord ; l'action, c'est le droit « de l'associé quand la condition de la personne est restée « étrangère à la formation du contrat. »

Nous accorderions à ce système beaucoup de crédit s'il ne paraissait lui-même quelque peu insuffisant, parce qu'il ne va pas assez au fond des choses, et si, en donnant comme base de la différence entre l'action et l'intérêt celle que l'on doit faire entre les sociétés de capitaux et les sociétés de personnes, il ne résolvait le problème par les données dont certains auteurs cherchent la solution, c'est-à-dire s'il ne tranchait la question par une autre.

« Les sociétés par actions ou sociétés de capitaux, dit « M. Thaller (2), se distinguent des autres, en ce que la « part sociale, au lieu d'être personnelle et intransmissi- « ble, devient une action, un titre circulant. On peut en « trafiquer et elle se transmet aux héritiers. » Si nous ne nous trompons pas, et pour résumer en quelques lignes les deux systèmes de MM. Beudant et Thaller, le premier décide que pour trouver les caractères différentiels de l'action et de l'intérêt, il faut établir ceux des sociétés de capitaux d'avec les sociétés de personnes ; et M. Thaller, par une étrange réciprocité, place la distinction des deux espèces de sociétés dans celle de l'action et de l'intérêt. Je veux dire, en deux mots, que le premier de ces auteurs

(1) *Revue critique de législation et de jurisprudence*, 1869, p. 403.
(2) M. Thaller, *Traité élément. de dr. comm.*, p. 238.

résoud la question par la question que pose le second et réciproquement. Et ce serait un problème sans solution, s'il n'y avait dans la doctrine de M. Thaller un caractère distinctif que nous n'avons rencontré nulle part ailleurs : la transmissibilité aux héritiers.

Nous ne pensons pas qu'il y ait une ligne divisoire nettement tracée entre l'action et l'intérêt, et du reste, tous les systèmes que nous avons examinés sont plutôt insuffisants que faux ; chacun apporte une nuance de distinction entre les deux termes ; mais aucun ne peut arriver à indiquer d'un mot une différence dont le caractère particulier n'est peut-être pas susceptible de précision. Au fond, nous croyons sincèrement que l'opinion de M. Beudant et celle de M. Thaller sur la question ont le même point de départ et que le critérium de la distinction est le même pour tous les deux. Nous présentons cependant la particularité du système de M. Thaller relative à l'intransmissibilité aux héritiers comme une caractéristique bien accusée de la nature de la part d'intérêt. Celle-ci nous paraît être comme l'évaluation pécuniaire d'un *droit personnel* dans le sens où l'on entend le droit d'usufruit, d'un *droit exclusivement attaché à la personne*. L'action au contraire serait un droit impersonnel, *banal*, s'il est permis de s'exprimer ainsi, tombant dans le patrimoine du premier venu qui pourra justifier d'un titre d'acquisition.

Cette idée que la transmission par décès de la part d'intérêt est impossible fait apparaître brutalement, selon nous, le véritable fondement de la distinction à établir. Il y a lieu de remonter, nous semble-t-il, plus haut que ne l'ont fait les systèmes précédemment exposés. De cette impossibilité de transmission par décès, une conclusion s'impose, c'est que l'*intuitus personæ*, la considération qu'on avait pour le défunt est le véritable point de départ du mode tout différent de transmission et des autres conséquences de la différence entre l'intérêt et l'action. La part d'intérêt est un produit, une résultante de l'estime réciproque des associés l'un pour l'autre. N'est-ce pas dire par là même que cet *intuitus personæ* constitue le critérium de la distinction de la part d'intérêt d'avec l'action. Si nous sommes en présence de sociétés où la considération des personnes joue un rôle principal ; si ces sociétés se fondent (c'est bien le cas de celles que nous étudions) entre gens qui se connaissent, s'apprécient et ne s'associent vraiment que parce qu'elles ont avec elles telles ou telles personnes de préférence à toutes autres, nous dirons que ces sociétés se sont constituées en contemplation des personnes, *intuitu personarum*, et de là, une foule de conséquences dont une, intéressante pour nous en ce moment : les parts de ces sociétés sont des parts d'intérêt. Si au contraire nous avons en face de nous des sociétés qui se fondent, non plus avec égard aux personnes spécialement appelées à en faire partie, mais dans un but intéressé, où l'argent de Pierre est considéré comme aussi excellent que celui de Paul, où la valeur morale du premier n'a pas plus à subir d'examen que celle du second, nous dirons alors que ces sociétés sont des sociétés de capitaux et que, faisant appel au capital de n'importe qui, au public en un mot, leurs parts sont des actions. Pour nous résumer, disons qu'à notre avis, le fondement, l'essence de la distinction cherchée se trouve dans ce fait matériel que la société fait ou non appel au public et qu'elle se constitue sans ou avec considération des personnes. L'*intuitus personæ* serait donc le critérium fondamental de la distinction. C'est à lui qu'il faut s'attacher pour décider. La considération des associés l'un pour l'autre joue-t-elle un rôle capital, essentiel, *sine qua non*, la société est une société de personnes, les parts, des parts d'intérêt. Si la considération des personnes n'est pas en jeu, si l'on cherche avant tout des moyens d'opérer, de l'argent, la société est une société de capitaux, dont le capital est composé d'actions.

En ce qui concerne les sociétés de crédit agricole, si l'on part de ces principes, aucun doute ne peut s'élever, après la lecture des articles et l'étude approfondie des inspirations et du but de la loi de 1894, sur la nature juridique des parts d'associés. Ce sont bien des parts d'intérêt, non pas parce que la loi déclare « que le capital social ne peut « être formé par des souscriptions d'actions » ; il n'y a là qu'une disposition qui ne préjuge rien après la réponse affirmative faite à M. Etcheverry (1). Les raisons de décider sont, d'abord dans la réunion de ces deux paragraphes de l'article 1er *in medio* qui résument au moins deux des systèmes par nous étudiés et se justifient l'un par l'autre :

(1) V. p. 110.

« Les souscriptions formeront des parts qui pourront être « de valeur inégale ; elles ne seront transmissibles que par « voie de cession aux membres des syndicats et avec l'a- « grément de la société. » Les autres motifs de se prononcer en ce sens émanent des inspirations et du but de la loi. Ce qu'elle a voulu, la loi de 1894, c'est éviter la spéculation, réserver surtout à un petit nombre de personnes qui se connaissent et s'apprécient le droit et le pouvoir de s'associer. Le jugement que portent sur l'emprunteur les coassociés ne peut l'être avec certitude, disait M. Méline, dans l'exposé des motifs, « que par des hommes vivant en « quelque sorte d'une façon quotidienne avec lui, le con- « naissant à fond ». Si l'associé ne transmet pas en mourant sa part à ses héritiers, c'est précisément parce que ceux-ci sont incertains au moment où la société s'est formée, parce que les coassociés n'ont pas alors envisagé leur valeur morale. L'article 9 de la caisse agricole de la région du Nord dispose : « Les héritiers ou ayants droit « d'un sociétaire décédé ne peuvent, sous aucun prétexte, « provoquer l'apposition des scellés sur les biens et va- « leurs de la société, en demander la liquidation, ni s'im- « miscer dans son administration ; ils doivent, pour l'exer- « cice de leurs droits, s'en rapporter aux écritures sociales « et aux décisions de l'assemblée générale. »

Ce soin jaloux, si nettement accusé, d'écarter des personnes, qu'un accident malheureux et non une œuvre de spéculation amène à prendre connaissance des affaires de la société, n'est-il pas le propre d'une association où tout est intime et privé, où la participation de chacun est apportée dans l'intérêt commun, où tous les intérêts se tiennent, s'enchaînent et se soutiennent mutuellement. On ne peut y concevoir l'élément de cupidité, élément étranger, et, à ce titre, suspect, qu'est l'action ; les parts d'associés sont donc bien ici des parts d'intérêt.

Versement du capital. — Nous savons que les parts qui constituent le capital sont des parts d'intérêt ; elles sont nominatives et restent telles, même après leur entière libération ; elles peuvent être d'inégale valeur. Reste à étudier la façon dont le versement est effectué. L'article 1er *in medio* de la loi de 1894 dispose : « La société ne pourra « être constituée qu'après versement du 1/4 du capital « souscrit. » Il serait loisible à une société d'exiger pour sa constitution définitive, par une clause des statuts, le versement d'une fraction plus forte du capital. C'est ce qu'a fait la Société de crédit mutuel agricole de la Haute-Marne dans son article 7 : « La société ne sera constituée qu'après « le versement de la *moitié* du capital souscrit. »

Au Sénat, M. Buffet critiqua la disposition rapportée plus haut qui exige pour la constitution définitive le versement du 1/4 du capital souscrit. « Je vous ferai remarquer, dit-il, « que les caisses Raiffeisen n'ont point de capital, et dès « lors point de versement à faire. Les interdirez-vous? Non, « parce que malgré les termes, en apparence impératifs « de votre loi, il leur sera très facile de se constituer en « faisant abstraction de cette loi et en se plaçant sous le « régime du droit commun et de la loi de 1867. Eh bien, si

« votre article accorde une permission qu'on a déjà, s'il « édicte des prescriptions qui n'ont aucune espèce de ca- « ractère obligatoire, je vous demande à quoi il sert. » Il serait inutile ? Nous n'aurons pas de peine à montrer qu'il était au contraire nécessaire. D'abord, s'il est vrai que les sociétés de crédit agricole peuvent se constituer sans capital social (1), et il faut bien reconnaître qu'en fait il n'en existe guère pour la raison que nous avons donnée plus haut (2), qu'en faut-il conclure, sinon que, dans ce cas, la disposition de la loi n'a pas à s'appliquer ; puisqu'il n'y a pas de capital, il est évident jusqu'à l'absurde qu'il ne peut être question alors de versement du 1/4. La loi a tout simplement voulu dire que, lorsqu'un capital aura été souscrit, et il en est presque toujours ainsi, le quart devra être versé avant la constitution définitive de la société. Maintenant, que des sociétés de crédit agricole « puissent « se constituer en se plaçant sous le régime du droit com- « mun et de la loi de 1967 », que s'ensuit-il ? Mais que nous ne sommes plus alors en présence de sociétés établies conformément à la nouvelle conception du législateur, que ces sociétés ne pourront jouir des faveurs accordées uniquement aux premières, et alors le droit commun reprend son empire. La loi de 1894, en créant des sociétés d'un genre particulier, a édicté en ce qui concerne le versement du capital des règles spéciales. On ne peut faire rentrer

(1) Argument du mot « constituer le fond de roulement » (art. 1 *in medio*).

(2) V. p. 109.

ces sociétés, nous l'avons vu, dans aucune catégorie déterminée des sociétés commerciales préexistantes, et quand les lois de 1867 et de 1893 exigent le versement préalable du 1/4 du capital souscrit, il s'agit précisément de sociétés par actions. Celles dont nous nous occupons sont de leur nature des sociétés par intérêt. M. Buffet peut-il considérer comme inutile une disposition qu'on ne trouve édictée ailleurs qu'au sujet de sociétés différentes à la base de nos sociétés de crédit agricole.

Admettant que la loi de 1894 ne doit pas être complétée par celle de 1867, mais qu'elle est gouvernée par des règles qui lui sont propres, nous devons noter en passant que les dispositions de cette dernière, destinées à constater le versement du 1/4, sont inapplicables. Une déclaration devant notaire à ce sujet est donc inutile ; inutile aussi l'annexion d'une expédition de l'acte notarié à l'acte de société déposé aux greffes, conformément à l'article 55 § 2 de la loi de 1867. Les administrateurs et les fondateurs seuls seraient responsables sous la sanction édictée dans l'article 6, s'ils agissaient au nom de la société, avant le versement du 1/4 du capital social. Du reste, outre que l'assimilation en ce qui concerne le versement du quart est impossible, les exigences de la loi de 1867 et celles de la loi de 1894 sont différentes. La première prescrivait *à chaque actionnaire* le versement du 1/4 des actions par lui soucrites ; la loi de 1893 n'est pas moins formelle ; si l'action est de 25 francs la totalité doit être versée ; si elle est de 100 francs chaque actionnaire doit se libérer de 1/4.

Dans la loi de 1894, ce n'est pas une obligation personnelle qui lie chaque associé; il n'est question que d'une obligation collective. Ce n'est pas du versement du 1/4 de chaque action qu'il s'agit, mais du 1/4 de la totalité. Comme le dit M. Arthuys (1), « le législateur de 1894 avait des pré-« cédents qu'il n'a pas suivis, il a employé un tout autre « langage (le même qui exige le versement du 1/10 *du* « *total* dans les sociétés à capital variable par actions) : La « société ne pourra être constituée *qu'après versement du* « *1/4 du capital souscrit.* » Le reproche d'inutilité que M. Buffet faisait à la disposition que nous examinons était donc mal fondé.

La loi de 1894 ne fixe ni maximum ni minimum aux parts des sociétés de crédit agricole. Beaucoup de sociétés ont adopté le chiffre de 20 francs (Sociétés de Remiremont, d'Epinal) ; d'autres celui plus minime de 5 fr. (Société de Segré). Dans l'article 5 de ses statuts, la Société de Chaumont en fixe le montant à 50 francs. « Le capital social de « fondation est fixé à trente-trois mille francs divisé en parts « de 50 francs. » Il est bon de remarquer en terminant que les lois de 1867 et de 1893 étant inapplicables, c'est toujours le versement du 1/4, même le 1/4 d'un total de parts de 5 francs seulement, qui est exigé en principe.

Moyens de constituer le fonds de roulement en dehors d'un capital souscrit. — Le capital social ne constitue pas la principale ressource des sociétés de crédit agricole ; il

(1) *Revue critique de législation et de jurisprudence*, 1895, p. 331.

joue plutôt au contraire un rôle de garantie pécuniaire, et sert souvent de mesure à la responsabilité de ceux qui l'ont apporté. Ce n'est pas sur lui que la société compte véritablement pour fonctionner ; la meilleure preuve de cette affirmation c'est qu'il pourrait ne pas exister. La caisse de crédit s'alimente au moyen d'opérations faites avec ses membres : escompte, intérêt, dépôts en comptes courants, comptes à vue, recouvrements, etc... et d'emprunts contractés en dehors de ses membres.

Opérations avec les membres. — Quant à l'escompte et à l'intérêt des sommes avancées, ils constituent une faible source d'alimentation ; nous ne traiterons longuement que des autres opérations (1).

Comptes courants. — Lorsque l'article 2 *in medio* de la

(1) Il y a cependant, en ce qui concerne l'intérêt des prêts consentis par la société de crédit, une question importante à résoudre, celle du taux à fixer. « Le taux de l'intérêt, dit M. Constant Bolot (Thèse, p. 300), variable suivant le bon marché auquel la société se procure de l'argent, « est ordinairement fixé à 3 ou 4 0/0, rarement il dépasse 4,50 0/0. Ce dernier taux nous semble déjà fort élevé pour que la caisse puisse être avantageuse aux cultivateurs et par conséquent faire des affaires. Le but « constant doit être de tendre à la diminution du taux de l'intérêt ; c'est « ainsi que le crédit mutuel agricole de Poligny qui primitivement fixa le « taux des prêts à 4 0/0, le réduisit successivement à 3,50 puis à 3 0/0. »

Mais quel est le maximum du taux d'intérêt que l'on peut exiger des emprunteurs ? Faut-il appliquer ici la loi du 12 janvier 1886 proclamant la liberté du taux de l'intérêt ou celle du 3 septembre 1807 qui le limite à 5 0/0 ? La question se ramène à celle de savoir si c'est la réglementation du Code de commerce ou celle du Code civil qui est ici applicable, si, en un mot, on est en présence d'un prêt commercial ou d'un prêt civil. De fort bons esprits pensent que le caractère civil ou commercial d'un prêt se détermine, abstraction faite de la qualité des parties, par la destination de la somme prêtée ; les sociétés de crédit agricole ne prêtant jamais qu'à des non-commerçants et pour une destination non commerciale, nous en concluons qu'elles ne peuvent stipuler de leurs emprunteurs plus de 5 0/0, conformément à la loi du 3 septembre 1807.

loi de 1894 dispose que « les statuts détermineront le « maximum des dépôts à recevoir en comptes courants », elle autorise les sociétés dont il s'agit à ouvrir comme tout banquier des comptes courants ; mais à la différence d'un banquier ordinaire, la banque agricole n'ouvre de comptes courants qu'à ses membres.

Voici ce que contient l'article 16 des statuts de la caisse agricole de la région du Nord, à cet effet : « Le Conseil « d'administration accepte des dépôts de fonds en comptes « courants et fixe le taux de l'intérêt à servir aux dépo- « sants ; toutefois le total des comptes courants crédi- « teurs ne pourra jamais être supérieur au double du ca- « pital social ; celui des comptes à vue ne devra pas dépas- « ser le cinquième du capital et les échéances des dépôts « de fonds en comptes courants devront toujours être éta- « blies de façon à coïncider avec les échéances des effets « escomptés par la caisse. »

On voit, d'après les applications qui en ont été faites par une foule de statuts que, dans l'esprit de la loi, les administrateurs devront proportionner les dépôts à recevoir au chiffre des affaires qu'ils traiteront et au montant du capital social. Il ne faut donc pas interpréter à la lettre la disposition qui nous occupe, suivant laquelle les statuts eux-mêmes fixeraient *a priori* le montant des dépôts à recevoir en comptes courants ; cette interprétation rigoureuse aurait pour conséquence d'entraver dans l'avenir le développement de la société. Une compréhension moins étroite de la pensée du législateur conduit à décider, ainsi que nous l'avons fait, que les statuts, au lieu de déterminer eux-mêmes ce maximum, peuvent laisser ce soin à certaines personnes. Nous nous rangeons à l'opinion de M. Benoît-Lévy (1) qui pense « que les statuts peuvent « donner à l'assemblée générale le soin de décider le maxi- « mum des dépôts à recevoir, chose essentiellement va- « riable et qu'il paraît difficile de déterminer dans les « statuts ». Il se peut qu'il n'y ait pas d'assemblées générales, celles-ci n'étant obligatoires que pour les seules sociétés par actions. Les statuts peuvent alors confier cette mission aux administrateurs ainsi que nous le disions plus haut. Voyons maintenant ce qu'est le compte courant et à quelle espèce particulière d'agriculteurs la société de crédit agricole peut ouvrir des comptes courants. Nous empruntons la définition au *Manuel de droit commercial* de M. Lyon-Caen (2) : « Le compte courant est *un contrat* par « par lequel deux personnes, en prévision des opérations « qu'elles feront ensemble et qui les amèneront à se re- « mettre des valeurs, s'engagent réciproquement à laisser « perdre aux créances qui en résulteront leur individua- « lité, en les transformant en articles de crédit et de dé- « bit, de façon à ce que le solde résultant de la compen- « sation finale de ces articles soit seul exigible. » L'intérêt de savoir si le compte courant est civil ou commercial se fait jour dans deux cas : celui de procès relatif au solde du compte courant, au sujet du tribunal compétent, et celui de fixation du taux de l'intérêt.

(1) *Manuel des sociétés de crédit agricole*, p. 24, n° 22.
(2) *Manuel de dr. comm.*, p. 445.

Nous aurions quelque hésitation à déclarer le compte courant consenti par une société de crédit agricole commercial,si la loi de 1894 n'avait pris soin de dire formellement que les sociétés de crédit agricole sont des sociétés commerciales. Les opérations qu'elles traitent le sont également ; nous en avons ainsi décidé en conformité d'opinion avec M. Thaller et par suite du caractère commercial accordé sans réserve. Il s'ensuit que le tribunal compétent en cas de litige est le tribunal de commerce et que le taux de l'intérêt du compte courant est illimité depuis la loi du 12 janvier 1886 (1). Mais tous les agriculteurs n'ont pas la faculté de se faire ouvrir des comptes courants à la société de crédit agricole dont ils font partie ; outre les garanties plus spéciales qu'exige cette opération, les renseignements plus sérieux encore que les administrateurs doivent posséder sur la situation des accrédités, il ne peut être question de consentir des comptes courants qu'à des cultivateurs « qui ont un grand mouvement d'affaires et peu- « vent avoir une circulation importante dans leur « compte (2) ». Il faut que ces cultivateurs soient en quelque sorte des commerçants sans cesse en rapports d'affaires avec la société de crédit agricole. Le système du « Cash account » ou compte de caisse a été pratiqué en Angleterre avec avantage, précisément parce que, comme

(1) La loi dit expressément que ces dépôts de fonds en comptes courants se font avec ou sans intérêt si un intérêt ; est exigé, il sera toujours modeste en pratique.

(2) Constant Bolot, thèse de Dijon (1898).

le dit M. Durand (1), « les fermiers d'Outre-Manche sont le « plus souvent de véritables industriels qui entreprennent « l'exploitation d'un domaine comme d'autres entrepren« nent l'exploitation d'une mine. Ils disposent de capi« taux relativement importants. Propriétaires ou locatai« res sont le plus souvent dans une situation de fortune « qui leur permettrait l'accès des banques sur le conti« nent. »

C'est à des agriculteurs de ce genre que les sociétés de crédit agricole pourront ouvrir des comptes courants.

Ce n'est pas encore sur ces dépôts de fonds en comptes courants que la société devra beaucoup compter pour satisfaire aux exigences du crédit. Il est une autre espèce d'opérations que les sociétés de crédit agricole traitent pour leurs membres et qui fournit des ressources plus appréciables ; nous voulons parler « des recouvrements à « faire pour les syndicats ou pour les membres de ces « syndicats ». L'argent ainsi perçu pour le compte des syndiqués entre dans la caisse de la société et vient augmenter le fonds de roulement dont elle dispose. Les agriculteurs n'ont pas toujours le temps d'aller au devant du débiteur qui veut les payer, ou bien ils ne savent quel emploi faire de la créance recouvrée. La société de crédit agricole se chargera de ce soin, et en même temps qu'elle évite au créancier le dérangement d'aller à la rencontre de son débiteur, et lui assure le paiement de ce qui lui est

(1) *Le crédit agricole en France et à l'étranger*, ch. 15, p. 577 et s.

dû, elle lui procure un placement immédiat de l'argent qu'elle reçoit à sa place. Il y a là en quelque sorte une délégation de créance faite par le créancier membre d'un syndicat à la société. Il est vrai qu'il s'agit là de placement par dépôt à vue, et qu'un jour ou l'autre, au moment le plus inattendu et le plus inopportun, l'agriculteur pourra demander son remboursement. Mais rien n'empêche les parties de stipuler un remboursement à échéance fixe, sauf à augmenter le taux de l'intérêt à servir aux déposants. La société d'autre part agira prudemment, elle doit même le faire, en ne consentant sur ces dépôts provisoires que des prêts dont le montant soit inférieur de beaucoup à la somme qu'ils constituent. Après tout, du reste, le danger, s'il existe, d'une demande de remboursement intempestive, est peu à craindre, étant donné que les agriculteurs qui se livrent à ce genre d'opérations sont très à l'aise dans leurs affaires et pourront se gêner quelques jours s'il le faut, plutôt que de mettre dans une situation critique la société dont ils font souvent partie, et au bon fonctionnement de laquelle ils seront certainement toujours intéressés. L'intérêt qu'ils ont au développement et à la prospérité des affaires sociales, nous savons quel il est. Il ne faut pas oublier, en effet, que toute opération faite par un syndiqué, membre ou non de la société, avec celle-ci lui donne droit, à la fin de l'année, à une part dans les bonis de restitution s'il en est fait distribution. C'est une conséquence du nouveau principe posé en matière de coopération, dans la loi de 1894 ; il domine tout le fonctionnement des sociétés de crédit agricole (1).

Emprunts au public. — Nous arrivons maintenant au genre d'opérations où les sociétés de crédit trouvent leurs principales ressources, celui au moyen duquel il n'est véritablement pas exagéré de dire qu'elles fonctionnent, c'est-à-dire à l'emprunt. L'article 1er *in medio* de la loi de 1894 s'exprime ainsi : « Elles peuvent notamment con- « tracter les emprunts nécessaires pour constituer ou « augmenter leur fonds de roulement. »

Ces emprunts suffiraient à eux seuls à constituer le fonds de roulement des sociétés qui se seraient formées sans capital, sur le type des caisses de Raiffeisen, et ne se livreraient pas aux opérations que nous venons d'étudier. Le plus souvent ils viennent augmenter le fonds de roulement, mais presque toujours dans des proportions si considérables que nous sommes autorisés à dire qu'ils en forment la partie essentielle (2).

On peut diviser les emprunts faits par les sociétés de crédit agricole en deux catégories : les emprunts faits à des établissements de crédit ou à des particuliers, librement accordés par ceux-ci, et ceux consentis par des établissements de crédit sous l'impulsion et en vertu d'une pensée d'encouragement et de faveur du législateur.

(1) V. la nouvelle conception de la coopération, p. 60 et suiv.

(2) V. cependant la caisse agricole de la région du Nord dont le capital est énorme : 1.000.000 de francs, et doit être entièrement versé avant le fonctionnement. Mais nous faisons à cette société le reproche de donner trop de place à l'élément capitaliste.

Quant aux prêts librement accordés par des établissements de crédit ou par des particuliers, ils sont régis comme tous les marchés d'argent par la loi de l'offre et de la demande. L'établissement de crédit, banque ou comptoir, le capitaliste prêtent moyennant un intérêt qui varie avec la marche générale des affaires. Ces opérations d'argent portent plus spécialement le nom de dépôts quand les deniers ne sont pas demandés mais acceptés par la société ; l'intérêt qu'elle sert est alors beaucoup moins élevé. Si c'est elle au contraire qui fait appel aux capitaux, on est alors en présence d'emprunts. On conçoit que les emprunts dont l'intérêt est relativement élevé soient toujours remboursables à échéance fixe. Il en est autrement des dépôts qui peuvent être à vue. L'avantage des dépôts à vue, c'est de n'exiger qu'un intérêt modique : mais à côté, le danger de demandes de remboursement imprévues et considérables dans un moment de crise et de panique, quelquefois d'ailleurs sans fondement. Pour les agriculteurs qui veulent placer les petites sommes accumulées sou par sou, ces placements sont très avantageux. Comme le dit M. Constant Bolot (1) « le danger des retraits n'existe que dans « les dépôts à vue effectués par les rentiers ou les capita- « listes ; en ce qui concerne ceux faits en comptes cou- « rants par les sociétaires, ils offrent peu de dangers, car « ils constituent un mouvement régulier dont les oscilla- « tions sont faciles à prévoir ».

(1) Thèse, p. 319, en note.

Nous avons à parler maintenant des emprunts consentis par des établissements de crédit sous l'impulsion du législateur. Nous étudierons à ce sujet une disposition spéciale de la loi du 20 juillet 1895 sur les caisses d'épargne et la loi nouvellement votée par le Sénat (mars 1899) sur les caisses régionales de crédit agricole, plus spécialement l'emploi de l'avance consentie à celles-ci par la Banque de France lors du renouvellement de son privilège.

Les caisses d'épargne sont alimentées au moyen d'économies faites par les gens laborieux ; elles accumulent les petites épargnes des travailleurs. Si l'on recherche l'usage qui est fait de l'argent des campagnes, on est étonné de constater qu'il ne revient jamais à ceux qui l'ont produit (1).

L'article 1er de la loi du 20 juillet 1895 dispose : « les « caisses d'épargne ordinaires sont tenues de verser à la « caisse des dépôts et consignations toutes les sommes « qu'elles reçoivent des déposants ; ces sommes sont

(1) En France, dit M. L. Durand, les « caisses d'épargne ne rendent « pas à la circulation les dépôts qu'elles reçoivent : elles sont tenues de « les confier à la caisse des dépôts et consignations, qui leur en sert un « intérêt de 4 0/0. C'est donc l'État qui absorbe les dépôts de l'épargne « et est chargé de les remettre en circulation ; il les affecte aux besoins « du budget, il y trouve un moyen commode de combler les déficits. « Evidemment, cet argent rentre dans la circulation, mais où et comment? « — S'il est employé à payer des fonctionnaires, ce n'est point dans les « campagnes que les fonctionnaires vivent et dépensent leurs traitements. « S'il est employé en travaux publics, ce n'est point dans les campagnes « que se font les grands travaux, les ruineuses constructions de palais « scolaires. S'il est employé pour entretenir l'armée, ce n'est point dans « les campagnes que se trouvent les garnisons. Cherchez n'importe quel « emploi possible des fonds du budget, vous n'en trouverez pas un qui « ramène dans la campagne l'argent qui en est sorti » (L. Durand, *Le crédit agricole en France et à l'étranger*).

« employées par la caisse des dépôts, sous la réserve des « fonds nécessaires pour assurer le service des rembourse- « ments : 1° en valeurs de l'État ou jouissant d'une garan- « tie de l'État ; 2° en obligations négociables et entièrement « libérées des départements, des communes, des chambres « de commerce, en obligations foncières et communales « du crédit foncier. »

Il est très regrettable que l'épargne des humbles, des laborieux, travailleurs de la terre surtout, reçoive ainsi un emploi déterminé au profit de l'Etat. Dans les pays étrangers où les caisses d'épargne peuvent constituer d'une manière beaucoup plus large leur portefeuille, le même reproche ne peut être opposé. Nous avons eu l'occasion de remarquer quel bon usage on avait su faire des fonds de caisses d'épargne en Belgique et en Italie. « Aboutir, dit « M. Léon Vollemborg, à ce que l'épargne accumulée « fournisse de plus en plus une veine restauratrice de cré- « dit *en faveur des classes qui la constituent*, et surtout de « la petite culture, tel est, il me semble, l'aperçu de l'é- « volution des caisses d'épargne. Sur la route de ce nou- « veau progrès, elles peuvent procéder avec prudence en « liant d'amicaux et permanents rapports avec les caisses « rurales de leur province, en les accréditant avec une li- « béralité cordiale, en se faisant les promoteurs de leur dif- « fusion... Toute caisse d'épargne peut alimenter les cais- « ses rurales qui surgissent dans sa zone, étant bien en « mesure d'en apprécier la solidité et de veiller constam- « ment sur leurs actes. » Ainsi entendu, le rôle des caisses d'épargne ne correspond-il pas à une application du principe de la mutualité entendu dans un sens très large.

Exclusivement dirigé par cette idée que les caisses d'épargne doivent être les agents de propagation et de diffusion des caisses de crédit agricole, M. Léon Vollemborg les considérait comme les seules institutions capables de former la base du crédit agricole. Nous avons vu plus haut quels admirables résultats il a su en tirer en Italie. On est bien loin dans notre pays d'avoir réalisé sur le même terrain des progrès aussi sensibles et cela tient surtout à l'organisation différente des caisses d'épargne. Aussi des efforts ont-ils été faits en vue de modifier la réglementation à laquelle elles obéissent. M. Lockroy déposait le 19 novembre 1889 un projet de loi permettant d'employer leurs fonds en opérations de crédit et tendant à organiser, par le moyen des caisses d'épargne, le crédit populaire général. Plus récemment, une réforme a été accomplie dans ce sens par la loi du 20 juillet 1895.

Envisagée au seul point de vue qui nous occupe, elle paraîtra certainement très insuffisante ; mais elle contient au moins une disposition libérale en ce qui concerne l'emploi que les caisses d'épargne peuvent faire de leur fortune personnelle. L'article 10 *in medio* dispose spécialement : « Les caisses d'épargne pourront en outre em-
« ployer la totalité du revenu de leur fortune personnelle
« et le cinquième du capital de cette fortune en prêts aux
« sociétés coopératives de crédit ou à la garantie d'opé-
« rations d'escompte de ces sociétés. »

« La caisse d'épargne de Marseille dont le président, « M. Rostand, a mené une longue campagne pour l'affran- « chissement des caisses d'épargne françaises, est une des « premières qui profita de la disposition libérale de la loi « du 20 juillet 1895. Elle a accordé à plusieurs sociétés de « crédit agricole fondées dans les Bouches-du-Rhône des « prêts de 1.000 ou 2.000 francs par caisse à deux ans et « à 3 0/0. A l'occasion de ses noces de diamant, en 1896, « son conseil de direction a décidé d'assigner 20.000 francs, « à 10 prêts similaires en faveur de 10 nouvelles sociétés « coopératives de crédit agricole qui se constitueraient « dans des communes des Bouches-du-Rhône où la caisse « possède des succursales ; ces dix sociétés furent créées « en 1896 et 1897. La caisse d'épargne de Lyon est entrée « elle aussi dans cette voie progressiste. Elle accorde aux « sociétés de crédit agricole des prêts jusqu'à concurrence « du double de leur capital social. Plusieurs se sont fon- « dées dans la région (Bessenay, Mornant, Belleville-sur- « Saône etc.) en adoptant les principes de la loi de « 1894 (1). » Il faut encourager de tels exemples et travailler à leur propagation. Comme le disait M. Rostand dans son discours au troisième congrès des banques populaires tenu à Bourges en 1891, « l'épargne française de- « vrait alimenter par trois mille petits canaux tous les « organes de l'activité nationale, au lieu de s'immobiliser « dans le tonneau des Danaïdes de la dette publique.... » Il

(1) M. Constant Bolot, thèse, p. 322.

faut débarrasser le paysan, surtout le travailleur du sol de cette idée « qu'il n'y a pour l'épargne du peuple (pour « son épargne à lui), qu'un seul moyen sûr, légitime, rai« sonnable, le versement dans la dette consolidée ou flot« tante de l'État ». On comprend même difficilement, en présence des résultats bienfaisants, si minimes soient-ils, qu'a déjà procurés et de ceux que promet la loi de 1895, les critiques de M. Buffet sur le mode d'emploi prévu par l'article 10, qu'il ne considérait pas comme présentant des garanties suffisantes. Sans doute, celles-ci peuvent paraître insuffisantes quelquefois. Mais quelles garanties ont donc, dans un sens absolu, le pouvoir de rassurer complètement un prêteur? Personne ne prêterait s'il avait la prétention d'avoir autant de certitude de posséder son argent lors du remboursement que s'il ne fût jamais sorti de sa bourse. N'est-on pas, dans l'espèce, suffisamment rassuré par le capital dont dispose souvent la société de crédit, et par dessus tout par l'organisation solide qui la constitue, par ces principes de coopération et de mutualité qui en sont le fondement, enfin par l'usage prudent qui doit être fait des deniers de la caisse. Ainsi que l'exprimait M. Lourties dans sa réponse à M. Buffet: « Les administrateurs des « caisses d'épargne resteront juges. Il n'est pas douteux « qu'ils s'abstiendront de faire des prêts et de garantir des « opérations d'escompte à des sociétés coopératives du « genre de celles dont parle M. Buffet, aux sociétés du « type des Schulze-Delitzsch qui sont de véritables banques « par actions. C'est pour les sociétés coopératives à res-

« ponsabilité supérieure à l'apport social ou illimitée que « les prêts d'argent consentis auront en réalité leur rai- « son d'être et leur utilité. Ces prêts seront nécessaire- « ment limités ; ils auront surtout pour objet d'aider à la « création de ces sociétés coopératives modestes, à leur « fonctionnement au début de leur existence. Cette in- « tervention des caisses d'épargne, même réduite à ces « proportions, rendra à ces organismes de crédit des ser- « vices très appréciables. » Le législateur, en favorisant de la sorte les sociétés qu'il venait de créer quelques mois auparavant, avait un but modeste ; il ne prétendait pas, faisant seulement un premier pas, en rendant plus facile la création de sociétés de crédit, apporter une panacée universelle aux souffrances de l'agriculture. Il faisait plutôt, ainsi que l'a dit excellemment M. Aynard, rapporteur à la Chambre, « une loi d'acompte, une première étape ».

Il vient tout récemment d'en faire une seconde, marchant ainsi progressivement au but qu'il se propose, le relèvement de l'agriculture par le crédit. La loi que nous avons en vue date du 31 mars 1899 ; elle règle la répartition de l'avance de 40.000.000 faite par la Banque de France et de la redevance annuelle que celle-ci s'oblige à payer à l'État en compensation du renouvellement de son privilège, aux caisses régionales de crédit mutuel agricole. Nous réservons pour un chapitre spécial placé à la fin de cet ouvrage l'étude de la loi du 31 mars 1899. Il est évident que si la répartition des avances de la Banque de France n'est pas faite directement aux sociétés locales que nous étudions en ce moment, elle doit leur profiter en seconde ligne et d'une façon indirecte par l'intermédiaire des caisses régionales. C'est ce que nous verrons d'ailleurs. Nous avons ainsi terminé l'examen des différents moyens que la loi met à la portée des sociétés de crédit agricole pour leur permettre de constituer ou d'augmenter leur fonds de roulement. L'énonciation en est faite dans le deuxième paragraphe de l'article 1er. M. de Pontbriand, député, avait proposé à la Chambre, dans la séance du 20 juin 1892, un amendement ayant pour but de supprimer ce paragraphe ou de préciser les moyens offerts par la loi aux sociétés en formation pour se procurer des ressources. Sur la réponse à lui faite, par M. Eugène Mir, rapporteur, que l'énonciation de la loi n'était pas limitative, mais simplement énumérative, il retira sa proposition. Nous en concluons que les sociétés de crédit agricole ont, en dehors des espèces spécialement déterminées par la loi, lesquelles sont les principales et les plus pratiques, d'autres moyens accessoires d'alimenter leur fonds de roulement.

2° *Organes nécessaires au fonctionnement des sociétés de crédit agricole.* — Dans toute société bien organisée on rencontre un conseil d'administration, un conseil de surveillance, des assemblées d'associés. En principe, la loi de 1894 n'exige aucun de ces trois organes ; dans la pratique on les trouve établis et réglementés par les statuts.

Du conseil d'administration. — Nous étudierons comment et par qui il est nommé — quels sont ses pouvoirs — quelle responsabilité il encourt.

Nomination. — « Les statuts, dit l'article 2, détermine- « ront le mode d'administration de la société de crédit. » Ils jouissent à cet égard de la plus grande liberté et pourraient laisser à tous les associés la charge de diriger les affaires sociales. Dans le cas le plus fréquent où ils décident que l'administration appartiendra à un petit nombre de personnes formant conseil, ces personnes pourront être choisies, par l'assemblée générale des associés, parmi les associés, ou en dehors d'eux.

On conçoit aisément que presque toujours les membres du conseil d'administration seront des associés. L'intérêt personnel qu'ils ont à bien remplir leurs fonctions est une garantie de bonne gestion. Le nombre des administrateurs varie selon l'importance de la société ; les statuts en déterminent exactement le nombre ou fixent un minimum et un maximum. La société de Belleville-sur-Saône peut avoir de trois à neuf membres.

L'article 17 des statuts de la société de crédit mutuel agricole de la Haute-Marne à Chaumont dispose à cet égard : « La société est administrée par un conseil com- « posé de neuf membres pris parmi les sociétaires.

« Il est renouvelable par tiers tous les ans à l'assemblée « générale ; les membres sortants sont rééligibles. En cas « de décès ou de démission d'un membre du conseil d'ad- « ministration, le conseil pourvoit à son remplacement « provisoire jusqu'à la prochaine assemblée qui procède à « l'élection définitive.

« Le nouveau membre est nommé pour le temps res- « tant à remplir par son prédécesseur.

« Le renouvellement est fixé par un tirage au sort pen-
« dant les deux premières années. »

Les sociétés de crédit agricole exigent en théorie le concours au même acte de tous les membres du conseil d'administration. Toutefois, comme le quorum n'est pas toujours atteint, en pratique, les statuts décident généralement que la moitié des membres sera suffisante pour la validité des délibérations. Ces délibérations sont prises à la majorité des voix des administrateurs présents ; en cas de partage, la voix du président est prépondérante. Les fonctions d'administrateur sont gratuites la plupart du temps, ce qui atténue dans une large mesure la responsabilité qu'elles entraînent.

Dans le cas de révocation par les membres de la société qui les ont nommés, les administrateurs n'ont droit à aucune indemnité. De leur côté, ils peuvent, après notification à cet effet, renoncer au mandat qui leur a été confié, sauf paiement de dommages-intérêts en cas de renonciation intempestive. Du reste, ces règles ne s'appliquent pas aux administrateurs nommés par les statuts. La révocation n'a lieu alors qu'en justice et les administrateurs ne peuvent impunément abdiquer leurs fonctions sans le consentement de leurs coassociés. Il en est autrement dans les sociétés anonymes (1).

Pouvoirs. — Les pouvoirs des administrateurs sont fort étendus. Nous citons en entier l'article 20 des statuts de la

(1) MM. Lyon-Caen et Renault, *Manuel de droit commercial*, p. 176, n° 295.

société de crédit mutuel agricole de la Haute-Marne ; ils peuvent servir de modèle en l'espèce : « Le conseil règle « dans l'intérêt de la société tout ce que la loi ou les statuts « n'attribuent pas à l'assemblée générale ; il statue sur « l'admission des sociétaires et peut prononcer leur exclu- « sion ; il fixe pour chaque emprunteur le maximum des « prêts, le taux de l'intérêt et les conditions de rembour- « sement ; il règle le service des dépôts et détermine l'in- « térêt à payer aux déposants, ainsi que le taux des escomp- « tes ; il peut exiger des cautions ; il dresse ou fait dresser « tous les états de situation ; tous les comptes ; il fournit « toutes les justifications exigées par la loi ou destinées « aux commissaires ou à l'assemblée générale.

« Il peut faire tous dépôts et retraits de fonds dans les « caisses publiques ou autres, ainsi que tous transferts et « conversions de titres ; toucher toutes sommes qui pour- « ront être dues à la société, à quelque titre que ce soit et « en donner quittance ; plaider, transiger, compromettre, « se concilier, nommer des arbitres et experts, exercer « toutes les poursuites, faire tous actes conservatoires, « intenter et suivre toutes actions judiciaires et autres, « soit en demandant soit en défendant ; se désister de tous « droits ; déterminer le placement des fonds disponibles ; « faire tous désistements d'hypothèques, de privilèges et « d'actions résolutoires, toutes mainlevées d'oppositions, « saisies ou inscriptions, le tout avec ou sans paiement ; « nommer et révoquer tous directeurs, employés et « agents ; déterminer leurs attributions et fixer leurs trai-

« tements et généralement faire tout ce qui rentrera dans « l'objet de la société quoique non formellement prévu « par les statuts. Le conseil peut déléguer tout ou partie « de ses pouvoirs à un ou plusieurs de ses membres ou à « un directeur. » Les pouvoirs des administrateurs ainsi contenus dans une énumération qui n'est qu'énonciative, emportent implicitement avec eux un grand nombre d'obligations; elles se déduisent tout naturellement. Nous avons cité à dessein et à titre d'exemple tout au long cet article statutaire d'une société de crédit parce qu'il nous paraît indiquer aussi complètement que nous aurions pu le faire les attributions des administrateurs. Parmi les pouvoirs les plus graves dévolus aux administrateurs, il convient de noter : l'acceptation de dépôt en comptes courants, la fixation du taux de l'intérêt et l'admission de sociétaires.

« Les fonctions des administrateurs, dit M. Constant « Bolot, consisteront, la plupart du temps, à statuer sur « les demandes de prêt ou d'escompte et à surveiller très « scrupuleusement l'emploi qui sera fait de l'argent prêté. »

Leur rôle principal se résume donc en une mission de sage appréciation et de contrôle. Le jugement à prononcer sur la moralité et la solvabilité de ceux qui se présentent pour être admis comme sociétaires ou comme emprunteurs est souvent délicat ; il y a des susceptibilités à ménager, des enquêtes quelquefois ennuyeuses à faire. A cause de toutes ces circonstances, les sociétaires agiront prudemment en choisissant dans leur sein, pour les représenter et agir au nom de tous, des personnes dont l'intérêt personnel est en jeu, et qui, par leurs aptitudes spéciales et leurs connaissances techniques, par leur habitude des affaires, leur sagesse et leur circonspection, offrent les plus sérieuses garanties pour une bonne et utile gestion.

Pour exercer convenablement de telles fonctions, on conçoit que les réunions du conseil d'administration devront être fréquentes. D'après l'article 19 de la société de Chaumont « le conseil se réunit toutes les fois que l'exige « l'intérêt social, et au moins une fois tous les trois mois ». Dans la caisse agricole de la région du Nord, les séances du conseil doivent avoir lieu au moins une fois par mois.

Signalons une dernière fonction des administrateurs qui est surtout une obligation : « Chaque année, dans la « première quinzaine de février, le directeur ou un admi- « nistrateur de la société déposera, en double exem- « plaire, au greffe de la justice de paix du canton, avec la « liste des membres faisant partie de la société à cette « date, le tableau sommaire des recettes et des dépenses, « ainsi que des opérations effectuées dans l'année précé- « dente (1). »

C'est aux administrateurs qu'il appartient de remplir les formalités de publicité.

Responsabilité. — L'article 6 contient à ce sujet les dispositions suivantes : « Les membres chargés de l'adminis- « tration de la société seront personnellement responsa-

(1) Loi de 1894, art. 5, avant-dernier alinéa.

« bles, en cas de violation des statuts ou des dispositions « de la présente loi, du préjudice résultant de cette viola- « tion.

« Ils pourront être poursuivis et punis d'une amende « de 16 à 200 francs.

« Le tribunal pourra en outre, à la diligence du procu- « reur de la République, prononcer la dissolution de la so- « ciété.

« Au cas de fausse déclaration relative aux statuts ou « aux noms et qualités des administrateurs, des directeurs « ou des sociétaires, l'amende pourra être portée à 500 fr. »

Les administrateurs agissent en commun. Représentants d'une société commerciale, ils ne sont cependant pas commerçants. Ils ont, nous semble-t-il, dans l'exécution du mandat qui leur a été confié, la même situation que celle des administrateurs de sociétés anonymes. Les actes qu'ils accomplissent sont de deux espèces possibles : ou bien ils rentreront dans les termes de la mission qu'ils ont reçue ; ou bien ils en sortiront et dans ce cas il y a nécessairement faute commise.

Si nous supposons d'abord que les administrateurs ont agi dans les termes de leur mandat, ils n'encourent aucune responsabilité pour tous actes accomplis sans faute. C'est ce qu'exprime l'article 24 de la société de Chaumont : « Les administrateurs ne sont responsables que de l'exécution de leurs mandats ; ils ne contractent aucune obligation personnelle ou solidaire à raison de leur gestion. » Ils ne sont donc tenus que des fautes qu'ils auraient commises dans l'exercice de leurs fonctions ou à raison d'actes accomplis en dehors du mandat qui leur est confié. Parmi les causes qui entraînent la responsabilité des administrateurs, nous pouvons citer :

Un dommage causé en violant une disposition légale : distribution de dividendes, défaut de formalités et de publicité annuelles, absence d'un fonds de réserve.

Un dommage causé en violation des statuts.

Des opérations aventureuses, des prêts consentis par exemple à une personne notoirement insolvable.

Tout acte frauduleux induisant le public en erreur sur la situation de la société : tel un inventaire fictif.

Il nous reste à examiner envers qui la responsabilité existe et comment elle s'apprécie, quelle en est la sanction.

« Les administrateurs, d'après l'article 44 de la loi de « 1867, sont responsables envers la société ou envers les « créanciers sociaux. »

La société d'une part exerce les actions du mandat. Quant aux créanciers sociaux, ils ont une double action : une action directe qu'ils exercent en vertu de l'article 44 précité, et une action oblique, celle en responsabilité de la société contre les administrateurs qui leur est ouverte conformément à l'article 1166 du Code civil.

On comprend du reste aisément que la société seule puisse avoir à se plaindre à raison des actes de gestion. Les tiers ne peuvent pas les critiquer ; ils n'ont le droit d'agir que dans la mesure où ils ont été lésés, l'intérêt étant ici le fondement de l'action.

Nous avons déjà laissé entendre que la responsabilité des administrateurs était solidaire. Le Code civil dit expressément que, en cas de plusieurs mandataires, la solidarité n'existe pas entr'eux, sauf stipulation contraire. En droit commun par conséquent, la responsabilité est solidaire ou individuelle suivant que la faute est commune ou qu'elle est imputable à un seul. Mais ici, on est forcé d'admettre que la responsabilité est solidaire en principe, parce que le conseil d'administration agit comme un seul homme ; sa direction est une, et l'acte d'un seul des administrateurs doit être considéré comme le fait de tous les autres dont il est implicitement le délégué dans l'espèce. A décider autrement, on éprouverait souvent de nombreuses difficultés pour déterminer sur quel administrateur en particulier la responsabilité doit peser. C'est pourquoi d'autre part, on écarte cette responsabilité à l'égard de quelques-uns des administrateurs, lorsqu'il est de toute évidence qu'ils n'ont pas pris part à une décision du conseil, une cause légitime motivant leur absence lors de la délibération prise en vue de l'opération dommageable. L'action en responsabilité, nous l'avons vu, peut être exercée par la société ; elle porte alors le nom d'action sociale. Une difficulté s'élève sur le point de savoir si les associés peuvent individuellement et en leur propre nom agir au moyen de cette action.

La jurisprudence décide généralement que les associés n'ont jamais le droit d'exercer l'action sociale quand la société y a renoncé par ses organes réguliers. Si, au contraire, la société n'avait pas expressément renoncé à son action, chaque associé aurait le pouvoir d'en user pour son compte et dans la mesure de son intérêt.

Beaucoup d'auteurs inclinent à refuser ce droit aux associés, même au cas où la société n'aurait pas renoncé à son action (1). En faveur de cette solution ils invoquent le caractère spécial du mandat exercé par les administrateurs au nom de la société, personne morale, à laquelle seule ils doivent compte de leur gestion, par opposition à leurs rapports avec les associés considérés *ut singuli* envers lesquels ils ne sont tenus par aucun contrat ou quasi-contrat. Il y a de plus un intérêt pratique à se prononcer en ce sens, la nécessité d'éviter des procès multiples, dont le nombre peut être aussi grand que celui des associés.

Une réserve est faite toutefois au cas de violation de la loi ou des statuts à cause du caractère général et d'ordre public de cette infraction. Il est alors très fréquent de voir les statuts imposer une autorisation de l'assemblée générale aux associés qui voudraient user de cette faculté tout exceptionnelle d'exercer l'action sociale.

La responsabilité encourue par les administrateurs est civile et pénale. La première entraîne condamnation à des dommages-intérêts en réparation du préjudice causé. Quant à la seconde, elle est expressément visée dans l'article 6 *in fine* ainsi conçu : « Ils (les administrateurs) pourront être poursuivis et punis d'une amende de 16 à 200 francs »,

(1) En ce sens, M. Lyon-Caen à son cours.

et un peu plus loin, « au cas de fausse déclaration rela« tive aux statuts ou aux noms et qualités des administra« teurs, des directeurs ou des sociétaires, l'amende pourra « être portée à 500 francs ». Du reste, dans tous les cas, la responsabilité sera appréciée plus ou moins sévèrement, selon que les fonctions des administrateurs seront rémunérées ou non.

Tout le monde s'accorde à reconnaître que la responsabilité des administrateurs dans les sociétés de crédit agricole est sanctionnée avec trop de rigueur ; on en fait un grief contre la loi de 1894, et l'on considère cette sévérité exagérée comme une des causes qui entraveront le développement des banques agricoles. Aussi une réforme sur ce point est-elle vivement souhaitable. Tout dernièrement, à l'occasion de la discussion au Sénat du projet de loi sur les caisses régionales à créer, M. Halgan s'exprimait ainsi : « Les défauts de la loi de 1894 sont tels que tout espoir « dans l'avenir doit être ajourné... Je ne puis m'empêcher « de constater ici que, aux termes de cette loi, les admi« nistrateurs assument les plus lourdes responsabilités, « que sans cesse, à raison du moindre manquement aux « statuts, ils sont exposés à des poursuites continuelles. « Croyez-vous rencontrer des gens assez dévoués pour ac« cepter de pareils dangers (1). »

Si nous sommes du même avis que l'honorable sénateur pour critiquer la trop grande sévérité de la loi à l'é-

(1) Sénat, *Docum. parl.*, mars 1899.

gard des administrateurs, nous pensons cependant que leur responsabilité doit être, avec un peu plus de mesure sans doute, mais encore très sérieusement sanctionnée. Nous n'irions donc pas aussi loin dans la voie d'une réforme sur ce point. A cause de la délicatesse de pareilles fonctions, à cause des conséquences énormes que présentent les décisions qu'elles comportent, il est nécessaire que des règles spéciales leur demeurent applicables. L'intérêt même des sociétés nouvelles l'exige ainsi ; leur prospérité en dépend.

C'est pourquoi il eût été désirable que la loi imposât, à côté des administrateurs, l'organe pondérateur qui fonctionne dans les sociétés commerciales par actions.

Le conseil de surveillance. — Il résulte du silence de la loi qu'aucun organe de surveillance n'est obligatoirement établi dans les sociétés de crédit agricole. C'est certainement une conséquence de leur caractère de sociétés par intérêt. On trouverait cependant bien peu de banques agricoles où les statuts n'aient pas institué un comité de surveillance. De ce que c'est une pure faculté dont usent presque tous les statuts, mais dont ils pourraient ne pas user, il faut conclure que le soin de déterminer la constitution et le fonctionnement de cet organe est abandonné entièrement à la convention des parties qui peut varier dans la pratique. A titre d'exemple, nous citons les articles 25 et 26 de la société de crédit mutuel agricole de la Haute-Marne à Chaumont ainsi conçus :

« Art. 25. — Deux commissaires sont élus chaque an-

« née par l'assemblée générale. Ils sont rééligibles ; l'un « d'entre eux peut, comme comptable expert, être désigné « en dehors des sociétaires. Ils sont chargés de s'assurer « tous les mois de l'observation des prescriptions légales « et de la régularité des opérations du conseil d'administration, de la comptabilité, de la caisse, du portefeuille, « de la sincérité des comptes présentés.

« Art. 26. — Les commissaires de surveillance dressent et présentent à l'assemblée générale un rapport sur « les opérations de l'exercice écoulé, sur la situation sociale établie par le conseil d'administration.

« Le rapport des commissaires de surveillance devra « être communiqué au conseil d'administration et tenu à « la disposition des sociétaires, huit jours au moins avant « l'assemblée générale.

« Les commissaires de surveillance peuvent demander « au Conseil d'administration, qui ne peut s'y refuser, la « convocation d'une assemblée générale extraordinaire. »

Quant à la responsabilité des commissaires de surveillance, elle n'est pas réglée par les statuts que nous citons ; elle nous paraît devoir être assez légère à cause du caractère facultatif de ces fonctions. Les commissaires de surveillance seraient cependant tenus en vertu de l'obligation née du mandat conventionnel qui leur a été confié, ou en vertu de quasi-délits pour dommages directement causés à des tiers. Une action sociale, dans le premier cas, individuelle, dans le second, pourrait être intentée.

Les assemblées générales. — Nous arrivons alors au troisième organe essentiel au fonctionnement des sociétés de crédit agricole — les assemblées générales des porteurs de parts. Comme le dit M. Lyon-Caen, en parlant des assemblées générales des actionnaires dans les sociétés par actions, il s'agit ici de « l'autorité suprême », de celle qui nomme et révoque les administrateurs et le conseil de surveillance, si les statuts l'ont imposé. La loi est aussi muette en ce qui concerne ce rouage, pourtant indispensable en pratique, qu'en ce qui concerne le comité de surveillance. On ne concevrait guère que les statuts gardassent le même silence sur ce point. Les pouvoirs que la loi leur accorde d'une façon implicite à cet effet sont très larges et exprimés très vaguement, dans l'article 2 : « Les statuts déter- « minent le mode d'administration de la société de crédit, « les conditions nécessaires à la modification de ces sta- « tuts et à la dissolution de la société. »

Il résulte notamment des articles 11 et 29 des statuts de la caisse agricole de la région du Nord et des articles 17 et 32 de ceux de la société mutuelle de Chaumont que le soin de nommer le conseil d'administration, de modifier les statuts et de décider la dissolution anticipée de la société sont du ressort des assemblées générales. Pour procéder avec méthode et mieux préciser les détails des attributions qui leur sont dévolues en pratique, tout en observant qu'elles obéissent à des règles *sui generis* nées du libre accord des associés et exprimées dans les statuts, nous diviserons les assemblées générales en trois classes : assemblées constitutives, assemblées annuelles ou ordinaires, assemblées extraordinaires ou modificatives des statuts. Voyons d'abord quelques dispositions communes à toutes les assemblées générales.

La convention des parties est la loi de la matière. — Dans les statuts que nous avons eu sous les yeux, nous avons remarqué certains points régis de façon identique, pour les trois sortes d'assemblées, par l'accord des associés. Ainsi, d'après l'article 27 de la société de crédit mutuel agricole de Chaumont, « les assemblées générales se composent de « tous les sociétaires propriétaires de parts. Chaque socié- « taire n'a droit qu'à une voix, quel que soit le nombre « des parts et des procurations ».

La caisse agricole de la région du Nord décide d'autre part que chaque sociétaire a autant de voix qu'il a de fois 100 francs dans le capital social.

Art. 30 *in fine* de la société de Chaumont : « Les délibéra- « tions sont constatées par des procès-verbaux inscrits « sur un registre spécial et signés par le président et le « secrétaire. La justification à faire des délibérations de « l'assemblée vis-à-vis des tiers résulte des copies ou « extraits certifiés conformes par un des administra- « teurs. »

Nous admettons qu'en droit commun, et à défaut de clauses spéciales à cet égard, dans toutes les assemblées générales, le porteur de part peut venir en personne ou charger un fondé de pouvoirs de le remplacer. Ce fondé de pouvoirs doit, à notre avis, être membre de la société. L'article 23 de la caisse agricole de la région du Nord fait une application de ce principe : « nul ne peut se faire repré- « senter que par un sociétaire ».

Assemblées constitutives. — Elles se tiennent avant la formation définitive de la société et afin de la préparer. Dans les sociétés par actions, il y a deux assemblées constitutives ; ici une seule est généralement exigée par les statuts (1). Convoquée par les promoteurs de l'association, elle a pour mission d'approuver les actes des fondateurs et de fixer la constitution définitive de la société. Elle nomme le premier conseil d'administration et, s'il y a lieu, le premier comité de surveillance. Les conditions de tenue et de majorité sont généralement plus rigoureuses, lorsqu'il s'agit d'assemblées constitutives, que lorsqu'il s'agit d'assemblées ordinaires.

Assemblées annuelles ou ordinaires.— Les statuts imposent généralement aux associés l'obligation de se réunir annuellement. D'après l'article 21 de la caisse agricole de la région du Nord, « il est tenu une assemblée ordinaire « chaque année dans le courant du mois de février ». La société de Chaumont décide dans son article 31 que « les « assemblées générales ordinaires ont lieu chaque année « dans les trois premiers mois ».

Certains statuts exigent la représentation de la moitié au moins du capital social (caisse agricole de la région du Nord) ; d'autres seulement le quart (société de Chaumont). L'assemblée est généralement présidée par le président ou le vice-président du conseil d'administration, assisté

(1) V. art. 37, 2° de la caisse agricole de la région du Nord.

de deux sociétaires comme scrutateurs et d'un secrétaire désigné par le bureau.

L'assemblée générale annuelle entend le rapport du conseil d'administration sur les affaires sociales. Elle approuve les comptes, s'il y a lieu, après les avoir examinés et discutés. Elle nomme les administrateurs et le comité de surveillance si la société comporte un tel organe.

Enfin, d'une façon générale, elle délibère et statue souverainement sur toutes questions concernant les affaires sociales.

Assemblées extraordinaires ou modificatives des statuts. — Dans un sens large, selon M. Thaller (1), nous dirons que ces assemblées « se réunissent si les circonstances en « motivent la convocation, afin de réaliser dans une ou « plusieurs dispositions de l'acte de société, des remanie-« ments, corrections ou révisions. Tandis que l'assemblée « *ordinaire applique les statuts*, l'assemblée extraordi-« naire *abroge leur contenu et refait les statuts* sur un point « ou sur un autre ». La convocation d'assemblées extraordinaires offre donc une certaine gravité. Aussi presque tous les statuts imposent-ils des règles particulières en l'espèce. L'article 21 *in fine* des statuts de la caisse agricole de la région du Nord dispose : « L'assemblée peut en outre être « convoquée extraordinairement, quand le conseil d'ad-« ministration en reconnaît l'utilité, ou si la demande « écrite et motivée en est faite par un groupe de sociétai-« res représentant au moins la moitié du capital social. »

(1) *Traité élém. de dr. com.*, p. 333, n° 559.

Il rentre également dans les attributions du comité de surveillance, de requérir la convocation des porteurs de parts en assemblée extraordinaire au cas d'urgence. Bon nombre des règles applicables aux assemblées ordinaires le sont ici.

Cependant, certaines dispositions rigoureuses sont spécialement édictées pour les délibérations des assemblées extraordinaires, à cause des actes plus graves qu'elles ont en vue. Nous lisons, par exemple, dans l'article 34 des statuts de la société de crédit mutuel agricole de Chaumont : « Néanmoins, les assemblées générales extraordinaires qui « auront pour objet la modification des statuts, la prorogation ou la dissolution de la société, ne seront régulièrement constituées et ne délibèreront valablement qu'autant qu'elles seront composées d'un nombre de sociétaires représentant la moitié (1) au moins du capital social « souscrit (2), tel qu'il existera au moment de la convocation.

« Les délibérations sont prises à la majorité absolue des « voix ; toutefois, la dissolution ne peut être votée que par « une majorité comprenant les deux tiers au moins des « voix présentes. »

Les assemblées extraordinaires sont aussi appelées modificatives des statuts ; cette expression contient une définition. Elles ont notamment le droit de décider l'augmen-

(1) Au lieu du 1/4 dans les assemblées ordinaires.

(2) Cette fixation est nécessitée par le caractère à capital variable de la société de Chaumont.

tation ou la réduction du capital social, de proroger la société ou d'en prononcer la dissolution anticipée, d'organiser la fusion de cette société avec d'autres similaires, etc.

Il y aurait lieu d'agiter ici la question importante de savoir si l'on doit, dans le silence des statuts, sans l'unanimité des associés et à la seule majorité absolue, admettre l'autorité des décisions des assemblées modificatives (1). Il ne nous paraît pas douteux, suivant l'opinion admise par d'excellents auteurs, que, même dans le silence des statuts, l'assemblée extraordinaire puisse, à la majorité des voix, modifier ces statuts.

3° *Forme et transmission des parts. — Droits et obligations des porteurs de parts. — Responsabilité.*

Forme et transmission des parts. — Quant à la forme des parts d'associés dans les sociétés de crédit agricole, elle est déterminée par la loi elle-même qui déclare dans l'article 1er « qu'elles seront nominatives ». Suivant M. Lyon-Caen (2), « un titre est nominatif, lorsqu'il contient le nom du titulaire « qui est reproduit sur des registres spéciaux tenus par la « société pour constater chaque cession ». D'après l'article 7 des statuts de la caisse agricole de la région du Nord, « les parts sont nominatives. Elles sont représentées par « des titres extraits d'un registre à souche, numérotés et « signés par deux administrateurs ». En y réfléchissant un peu, on peut voir une superfétation dans les dispositions

(1) V. M. Thaller, *Traité élémentaire de droit commercial*, p. 336 et suiv.
(2) *Manuel de droit commercial*, p. 119.

de la loi ou des statuts rédigés conformément à celle-ci qui expriment le caractère obligatoirement nominatif des parts sociales. Il n'en pouvait être autrement dans des sociétés qui sont par essence formées en considération des personnes. On conçoit aisément que, dans des associations de ce genre, pour que l'*intuitus personæ* joue efficacement son rôle, il faut que l'individualité des porteurs de parts soit nettement déterminée et ne puisse changer.

Nous n'entrerons pas ici dans l'étude complète de la différence à établir entre les titres nominatifs et les titres au porteur. L'intérêt qu'il y a à les distinguer se fait jour d'abord dans deux cas particuliers : au point de vue de la dépossession, et au point de vue des impôts à payer (droit de transmission pour les titres nominatifs, taxe annuelle pour les titres au porteur). Cette question des impôts sera étudiée postérieurement. Mais c'est quant au mode de transmission que la différence est surtout importante entre les deux espèces de titres. Les premiers, étant considérés comme des choses mobilières corporelles, se transmettent par simple tradition ; l'article 35 du Code de commerce le déclare expressément. Il en est tout autrement des titres nominatifs. Pour régler ce point, la loi de 1894 s'exprime ainsi : « Les parts ne seront transmissibles que par voie de « cession aux membres des syndicats et avec l'agrément « de la société. »

Quant à la partie du texte qui restreint la cession aux membres des syndicats, elle n'a pas de quoi nous étonner, après ce que nous avons dit de la qualité que doivent posséder tous les associés. Il nous faut examiner avec plus de détails cette double question : A quelles conditions la transmission est possible et comment elle s'opère.

Nous ne reviendrons pas sur les caractères distinctifs de l'intérêt et de l'action. Il y a bien ici des parts d'intérêt et cela, nous l'avons dit, suffirait à imposer aux titres la forme nominative. D'autre part, ce n'est pas l'intransmissibilité entendue dans un sens général qui peut leur imprimer ce caractère ; celle-ci n'est pas absolue, et nous avons vu qu'une des meilleures raisons de distinguer et de préciser leur nature, c'est l'intransmissibilité envisagée dans un sens spécial, l'intransmissibilité en cas de décès comme conséquence de la considération particulière que les associés ont l'un pour l'autre.

On peut concevoir deux transmissions possibles des droits attachés sur la tête d'une personne — une transmission conventionnelle entre vifs — une transmission par décès.

Nous estimons que la seconde est impossible en ce qui concerne les droits des porteurs de parts de nos sociétés. Celles-ci se dissolvent comme toutes les sociétés « de per- « sonnes par la mort, la retraite, l'interdiction légale ou ju- « diciaire, la faillite, la liquidation judiciaire de l'un des associés (art. 1865 et s., C. civ.). Il est vrai que le Code civil permet d'éviter cette dissolution au moyen d'une stipulation décidant que la société continuera entre les survivants ou entre les associés survivants et les héritiers du prédécédé. Beaucoup de statuts de sociétés de crédit agricole (1) pré-

(1) Remiremont, Chaumont.

voient ces cas et contiennent cette clause. Mais qu'en faut-il conclure, sinon qu'une nouvelle société se forme de plein droit à la mort d'un des associés, en vertu des prévisions des survivants et de la clause qui en est résultée. On ne peut pas dire alors, nous semble-t-il, qu'il y a eu à proprement parler transmission par décès ; la transmission est plutôt produite par la convention préexistante des parties ; elle est vraiment une transmission entre vifs. C'est donc seulement à l'occasion de celle-ci qu'il faut se demander quelles conditions sont exigées pour qu'elle puisse s'opérer. En principe, et absolument parlant, elle est impossible ; il en est autrement en fait, « avec l'agrément de la société ».

L'article 7 des statuts de la caisse agricole de la région du Nord dispose : « Les parts peuvent être cédées, mais « seulement aux conditions suivantes : 1° que le cédant « ne soit débiteur de la société à aucun titre ; 2° que le « cessionnaire réunisse les conditions légales pour entrer « dans la société ; 3° qu'il soit agréé par le conseil d'administration. »

Ces conditions, exigées dans presque toutes les sociétés de crédit agricole, sont imposées à juste titre ; elles sont une conséquence nécessaire du caractère de mutualité qui est inhérent à ces sortes d'associations.

« On s'explique mal, dit M. Thaller (1), dans une so- « ciété qui serait animée de l'esprit coopératif, l'action- « naire disposant du libre droit de transférer son action à

(1) M. Thaller, *Traité élémentaire de droit commercial*, p. 377, n° 658.

« un tiers, étranger à la clientèle ou à la main-d'œuvre de « la société. Il faudrait pourtant, à défaut de clauses limi- « tatives des statuts, reconnaître une pareille vente comme « régulière. Qu'on s'étonne, dans ces conditions, de voir « l'actionnaire gêné négocier son titre à une personne qui « ne fait point partie de la maison ! Cessant d'être associé, « il cessera aussi de percevoir son boni annuel de main- « d'œuvre dans les bénéfices (1) : l'autre n'étant pas ou- « vrier sera également sans droit pour le toucher. De pro- « che en proche, l'exemple se reproduit, et cette société, « coopérative à l'origine, finit par ne plus être composée « que de capitalistes. Les anciens souscripteurs retom- « bent à l'état de salariés quelconques. Cela a été malheu- « reusement l'épilogue de plus d'un essai de coopération... « Aussi, dans les sociétés de crédit agricole (L. de 1894), « les parts sociales, qui ne sont pas des actions, ne peuvent « être transmises qu'avec l'agrément de la société et à des « membres du syndicat. »

S'il en est ainsi, c'est que le législateur a compris, en créant ces nouvelles sociétés, qu'il devait les réglementer de telle sorte que la mutualité y produisît ses effets bienfaisants dans le sens le plus large, parce que, nulle part ailleurs, ne s'affirmait avec plus d'évidence la force créatrice de l'union et de l'aide réciproque et mutuelle dans le besoin.

Il reste à voir maintenant comment s'opère la trans-

(1) Cette conséquence ne serait plus vraie dans la nouvelle conception de la coopération ; elle ne l'est plus déjà dans les sociétés de crédit créées par la loi de 1894.

mission des parts rendue possible par l'accomplissement préalable des conditions qu'ont dictées la loi ou les statuts. Une controverse s'élève ici sur le point de savoir si le transfert doit s'opérer d'après les modes du droit civil, ou d'après les modes simplifiés du droit commercial.

Suivant l'article 1698 du Code civil, « le cessionnaire « n'est saisi à l'égard des tiers que *par la signification du* « *transport faite au débiteur*. Néanmoins le cessionnaire « peut être également saisi *par l'acceptation du transport* « *faite par le débiteur dans un acte authentique*. »

L'article 36 du Code de commerce, dans une pensée de simplification, dispose d'autre part que « la cession des ti- « tres nominatifs s'opère par une déclaration de transfert « inscrite sur le registre de la société et signée de celui qui « fait le transfert ou de son fondé de pouvoir ».

Dans le premier cas, on dit que les titres sont *cessibles*, dans le second, qu'ils sont *négociables*. La question ne se poserait pas sur le point de savoir quel mode est ici applicable, si le rapporteur à la Chambre des députés ne l'avait lui-même suscitée dans la séance du 20 juin 1892. Au premier abord, on pourrait penser qu'elle a été nettement résolue dans le premier sens par le rapporteur, lors de la distinction qu'il a faite entre l'action et l'intérêt. Pour lui, la différence entre ces deux termes consiste dans le mode de transmission. C'est le système de M. Vavasseur exposé et réfuté précédemment ; voici comment il le présentait : « la seule différence consiste en ce que l'action est un « billet de papier noirci, comme l'a appelé M. Germain,

« qui est au porteur ou nominatif ; si elle est au porteur « elle se transmet par simple tradition, et si elle est no- « minative, elle se transmet par un transfert sur les regis- « tres de la société. La part d'intérêt est une créance or- « dinaire de l'associé envers la société, et cette créance se « transmettra exactement comme est transmise une « créance à l'égard du cessionnaire, c'est-à-dire qu'au lieu « de la simple livraison ou du transfert, on sera obligé *de* « *signifier* ou bien de demander *l'acceptation du cédé.* » Il faut avouer que cette déclaration est de nature à mettre les commentateurs dans un étrange embarras. Comment ! on crée des sociétés nouvelles ! on prend soin de dire expressément que ce sont des sociétés commerciales, dont les parts sont des parts d'intérêt, nominatives. Des affirmations aussi catégoriques donnent le droit de tirer toutes les conséquences des principes qu'elles contiennent, notamment de n'exiger comme mode de transmission des titres que le transfert commercial. Et voilà que ces sociétés y dérogeraient par certains côtés ! Ainsi, les porteurs de parts devraient recourir, pour transmettre leurs droits, aux procédés plus longs et plus compliqués du code civil ! Mesure assurément bizarre, dans une matière où le législateur cherchait avant tout à simplifier et à favoriser.

Nous estimons qu'il ne faut pas attacher une importance trop considérable aux paroles qui ont pu échapper au rapporteur, lors de la discussion de la loi en préparation, et dont il n'a peut-être pas mesuré toute la portée. La manière de procéder qu'elles semblent imposer ne nous paraît pas devoir être suivie à la lettre. Rien dans la loi, même quand elle indique que les parts doivent rester nominatives, n'invite à se déclarer en ce sens et n'empêche que la transmission ne puisse se faire par le seul transfert opéré sur les registres de la société et avec son consentement.

A l'appui de cette opinion qui est celle d'un grand nombre d'auteurs, notamment de M. Arthuys (1), nous joignons la pratique adoptée par les sociétés existantes.

C'est ainsi que l'article 7 *in fine* des statuts de la caisse agricole de la région du Nord décide que « la cession s'o-« père par un transfert inscrit sur un registre spécial, et « signé par le cédant, le cessionnaire et un administra-« teur ».

Droits et obligations des porteurs de parts. — On peut rattacher la transmission des parts à l'étude des droits et obligations des associés, en la considérant, à la fois comme une obligation de conserver les parts souscrites, et comme un droit de les céder, sous des conditions spéciales, et en observant certaines formalités. Dans un sens plus général, nous allons examiner les droits, puis les obligations des sociétaires.

Droits. — Le premier et le plus important de tous ces droits, c'est celui de concourir à l'administration de la société. On pourrait, à la rigueur, concevoir une société de crédit agricole où il n'y aurait pas de conseil d'administration spécialement désigné, les associés, en petit nombre,

(1) *Revue critique de législation et de jurisprudence*, p. 330.

remplissant eux-mêmes le rôle ordinairement réservé à celui-ci. C'est affaire aux statuts d'imposer ou non la nomination d'un conseil chargé d'administrer. Art. 2 : « Les « statuts détermineront le mode d'administration de la « société de crédit. » La conception d'une société de crédit agricole où tous les membres administreraient par eux-mêmes est purement théorique ; en pratique, à cause du grand nombre des associés, la direction effective est remise aux mains de quelques personnes choisies à cet effet. Les associés ont le droit de prendre part aux assemblées générales, constitutives, ordinaires ou extraordinaires au moins en principe, certains statuts subordonnant ce droit à la possession d'une fraction déterminée du capital social ; comme membres de ces assemblées, ils exercent tous les pouvoirs reconnus à celles-ci, notamment, ils nomment les administrateurs et, s'il y a lieu, le comité de surveillance ; ils ont un droit de contrôle sur les actes des administrateurs et peuvent demander, quand bon leur semble, la communication des livres de la société. Enfin, ils ne touchent aucun dividende, mais reçoivent à la fin de chaque exercice l'intérêt fixé par les statuts de la mise qu'ils ont apportée ; — ils prennent part au partage du fonds social lors de la dissolution de la société.

Nous n'avons fait en quelque sorte qu'une énumération des droits des associés ; chacun de ses droits a été ou sera examiné en détail au cours de cette étude.

Obligations. — Dans toutes les sociétés de crédit agricole où un capital est imposé, et nous avons vu qu'il n'en existe guère d'autres, le premier devoir d'un associé est d'effectuer sa mise. A défaut de versement, à l'époque fixée, il est tenu de plein droit de payer des intérêts moratoires sans préjudice de dommages-intérêts (art. 1896, C. civ.). Pour certains associés l'apport à faire pourra être un apport en nature. En ce qui concerne l'évaluation des apports en nature, le caractère civil ou commercial de l'obligation (1) d'effectuer la mise et les actions qui appartiennent aux créanciers, il y a lieu de s'en rapporter au droit commun qui régit les sociétés par intérêt, à moins de clauses formelles des statuts prévoyant toutes ces hypothèses.

Un versement du quart du capital social étant nécessaire avant la constitution définitive de la société, c'est aux statuts qu'il appartient de déterminer librement les époques des versements à effectuer sur les parts non libérées ; il peut se faire que certaines parts n'aient encore été libérées d'aucune quotité quand la société commence à fonctionner, si le montant des fractions versées suffit à atteindre le 1/4 du total dont le versement est exigé. D'après l'article 7 des statuts de la Caisse de Belleville-sur-Saône, « les versements en retard seront passibles d'un « intérêt à raison de 5 0/0 l'an. Passé le délai de trois « mois, la société disposera de la part aux risques et pé- « rils du souscripteur, après une simple mise en demeure

(1) La jurisprudence admet qu'elle est commerciale ; c'est donc le tribunal de commerce qui serait compétent. V. M. Lyon-Caen, *Manuel de dr. com.*, p. 100, nº 165.

« par lettre recommandée ». Il arrive, d'autre part, que la libération se fait intégralement avant la constitution de la société, ainsi dans la société de crédit de la région du Nord, l'article 6 des statuts déclare que « le montant des parts est payable à la souscription ». Enfin les membres des sociétés de crédit agricole sont tenus des dettes sociales dans une mesure à déterminer par les statuts.

« En principe, dit M. Lyon-Caen (1), les associés ne sont « tenus des dettes que jusqu'à concurrence de leurs mises, « mais il peut être stipulé dans les statuts qu'ils seront « tenus personnellement et solidairement. »

L'article 2, derniers alinéas, de la loi de 1894, dispose : « Les statuts détermineront l'étendue et les conditions de « la responsabilité qui incombera à chacun des sociétaires « dans les engagements pris par la société (2).

« Les sociétaires ne pourront être libérés de leurs en- « gagements qu'après la liquidation des opérations con- « tractées par la société antérieurement à la sortie. »

Il y a une réserve à faire, en ce qui touche ce dernier alinéa lorsque la société s'est constituée à capital variable. En vertu des règles spéciales à la matière, l'associé qui retire sa mise reste tenu des dettes sociales pendant 5 ans à dater du retrait. Dans le cas d'une société à capital variable, il faut noter également que « le capital ne pourra

(1) *Manuel de droit commercial*, p. 201.

(2) Dans la pratique, presque tous les statuts limitent l'obligation de chacun au montant de la mise.

V. caisse de la région du Nord, société de crédit mutuel de Chaumont, etc.

« être réduit, par les reprises des apports des sociétaires « sortants, au-dessous du montant du capital de fondation » (Art. 1er, dernier alinéa, loi de 1894).

Responsabilité des associés. — Nous faisons de cette question l'objet d'un chapitre spécial à raison de l'importance capitale qu'elle offre en matière d'associations coopératives et de l'étendue différente que l'on donne à la responsabilité des associés dans beaucoup de pays étrangers. La plupart des fondateurs des caisses de crédit allemandes et italiennes étaient partisans de la solidarité qu'ils considéraient comme la base indispensable des associations mutuelles. M. Luzzati combattit ce principe avec beaucoup de force et il est arrivé à créer en Italie plusieurs institutions de crédit où l'engagement des associés est limité à une ou plusieurs fois la mise seulement. Mais celui-ci, mis en pratique par Raiffeisen, Schulze-Delitzsch et Vollemborg, a donné des résultats magnifiques ; il est d'une solidité inébranlable. « La solidarité, a dit M. Vollemborg, est « l'épine « dorsale » des associations de crédit rural. Elle leur donne « dès le début la surface nécessaire. Chaque adhérent, « s'il n'était exposé à trop de vicissitudes, posséderait « dans la force de son travail une source de garantie. Mais, « il n'est pas admissible qu'à un même moment tous les « membres d'une association fassent de mauvaises affaires, « ni que la mort ou l'inconduite ruinent d'un coup leur « capacité sociale. Si quelques-uns sont frappés, la pros- « périté des autres rétablit toujours la balance. » Nous souscrivons entièrement à cette théorie ; mais tout en reconnaissant qu'elle exprime des idées fort justes, nous pensons qu'il n'est pas aussi facile de la mettre en pratique que d'en affirmer l'exactitude. Il est difficile de faire entrer de pareilles idées dans l'esprit du paysan qui se méfie instinctivement de ce qu'il ignore. Dans ce pays surtout on lui a si souvent fait des promesses décevantes qu'il n'engagerait pas volontiers sa fortune dans une association où il la verrait par avance engloutie.

M. Buffet, et avec lui beaucoup de nos législateurs, se sont faits, lors de la discussion de la loi de 1894, les défenseurs de la solidarité. Nous ne nierons pas qu'il y ait dans ce principe une sûreté infiniment plus grande que celle qui émane du principe contraire, que la vigilance et le contrôle s'exerceront dans les sociétés de crédit avec bien plus de rigueur si les associés sont tenus *in solidum* l'un pour l'autre. Et c'est avec raison que M. Buffet disait au Sénat dans la séance du 27 avril 1894 : « les unions fondées « sur le principe de la solidarité présentent un grand « avantage : bien que constituées entre des personnes, qui, « par leurs ressources très modestes, ne présentent pas « une grande surface, elles inspirent par le groupement « et la responsabilité collective une confiance légitime aux « prêteurs ; les associés étant solidaires, on sait que chacun « d'eux a le plus grand intérêt à n'admettre dans l'union « que des personnes qu'il connaît, dont il a pu apprécier « les habitudes de travail, d'économie, de probité, et sur- « veiller les opérations. »

Encore une fois, cette théorie est admirable. Aussi, serions-nous volontiers fasciné et entraîné par ce magnifique exposé des avantages précieux et incontestables de l'engagement mutuel indéfini, si nous ne connaissions à fond, pour avoir vécu de sa vie intime, le paysan de France, au moins celui du Nord. En même temps adroit et naïf, subtil mais ignorant, il croirait qu'un piège se cache sous ce mot inconnu pour lui de solidarité, et ces soupçons quoique injustifiés suffiront à le détourner d'une association pourtant bienfaisante. Il n'en profitera pas parce qu'il n'en verra que les inconvénients, sans en rechercher les avantages, parce qu'il la connaîtra mal en un mot, et que, prévenu contre elle, il ne fera rien pour la mieux connaître. M. Méline nous paraît avoir profondément étudié le caractère du paysan français quand il dit (1) : « Tous pour « chacun, chacun pour tous, telle était la devise de Schulze-« Delitzsch. On comprend qu'il était facile avec une res-« ponsabilité pareille, indéfinie pour chaque membre de « l'association, de rassurer les capitalistes. C'est une des « raisons pour lesquelles nous n'avons pas pu songer à « calquer notre organisation sur les banques Schulze-De-« litzsch. Il faut, en pareille matière, tenir soigneusement « *compte des milieux, des mœurs nationales, surtout quand* « *on crée un régime nouveau*. C'est ce qui a fait notre « grand embarras et ce qui nous a obligés à emprunter un « peu à tout le monde les éléments de notre projet. « M. Etcheverry nous disait l'autre jour que nous avions

(1) Chambre des députés, séance du 16 juin 1892, p. 824.

« tort de ne pas adopter ce principe de la solidarité de « tous les membres de l'association mutuelle, il croit que « c'est là un préjugé dont on aurait facilement raison. Je « crains bien qu'il ne se méprenne sur l'état d'esprit des « campagnes ; je suis convaincu, en tout cas, que si nous « commencions par là, nous mettrions en fuite tous ceux « qui seraient tentés de pratiquer le crédit agricole. »

Il ne faut pas oublier que nous vivons dans un pays imbu d'idées libertaires, où l'esprit s'accommode mal à la pensée d'un engagement illimité qui constitue une contrainte, une entrave possible pour l'avenir à la libre disposition du patrimoine. On n'y voit que les inconvénients de la solidarité, sans même essayer d'en apprécier les avantages pourtant réels et importants. Les associations allemandes ont pu fonctionner et acquérir un développement considérable, quoique basées sur la responsabilité indéfinie de leurs membres, parce que la situation de la propriété est différente en Allemagne de ce qu'elle est en France, parce que le travailleur des campagnes y est plus communément pauvre et dans le besoin (1), parce que ce n'est pas d'une intervention législative, mais de la seule initiative d'hommes généreux que ces unions se sont formées, parce que surtout, l'esprit du paysan allemand n'est pas le même, qu'il est plus souple que celui du paysan français. Et en-

(1) Aussi des associations du même genre ont-elles pu se constituer exceptionnellement dans toute une région de la France (V. dans le midi les *Caisses rurales ouvrières* de M. L. Durand, à cause de la plus grande misère répandue parmi les campagnes).

core, est-il permis de dire qu'en Allemagne même le principe de solidarité n'ait pas reçu des atteintes ? Sans doute on nous opposera que les associations allemandes ont toujours joui d'une grande popularité et qu'elles ont eu un développement de plus en plus prospère, que notamment, pendant les guerres de 1866 et 1870, les caisses rurales regorgeaient de capitaux et refusaient d'en prendre, même sans intérêts. Mais malgré tout, pourrait-on affirmer sans réserve, que lorsque Schulze-Delitzsch finit en 1880 par permettre aux Vorschussvereine d'adopter le principe de la responsabilité limitée ce fut uniquement, comme il le disait « parce que les mœurs s'étaient élevées à l'habitude de la « prévoyance » ; n'y avait-il pas aussi quelque nécessité pratique qui l'obligeât à faire cette concession ?

Nous le répétons, nous sommes partisans du principe de solidarité dans les sociétés de crédit agricole, mais en théorie seulement, dans l'état actuel de nos mœurs, parce qu'en pratique, la conception d'un engagement sans réserve pour son voisin effraie nos cultivateurs et ne peut entrer aisément dans son esprit. Nous pensons que progressivement cette idée leur deviendra familière, et peut-être sera-t-il possible quelque jour, allant au rebours des Allemands, d'imposer la responsabilité illimitée aux membres des sociétés de crédit.

Il convient actuellement de préparer l'éducation du paysan dans cette voie, et d'attendre pour opérer cette transformation que « les mœurs se soient élevées en France à « l'*habitude de la solidarité* » qui, au fond, étant données les garanties de moralité et de surveillance réciproque des obligés ne présente aucun danger sérieux.

La loi de 1894 a pris un moyen terme en confiant aux statuts le « pouvoir de régler l'étendue et les conditions « de la responsabilité qui incombera à chacun des sociétai- « res dans les engagements pris par la société » (art. 2, *in medio*). En fait, presque tous les statuts adoptent une réglementation qui limite la responsabilité de chacun au montant de sa mise.

Nous avons déjà fait remarquer que la rédaction des statuts a une importance très grande dans les sociétés créées par la loi de 1894. Il n'est peut-être pas de matière où les pouvoirs ainsi abandonnés à la convention des parties exprimée dans les clauses des statuts sont aussi nettement accusés et avec une aussi grande influence qu'en ce qui concerne le fonctionnement des sociétés de crédit agricole. A peine si la loi dicte quelques règles très vagues au sujet du conseil d'administration.

Pour ce qui est du comité de surveillance, il n'en est même pas parlé, et les assemblées générales n'obéissent qu'à des règles statutaires ; enfin les statuts sont tout-puissants encore pour fixer la mesure dans laquelle les associés sont engagés.

C'est pourquoi nous voulons, avant d'abandonner l'étude du fonctionnement des sociétés de crédit agricole, sur cette remarque de l'importance considérable qui y est faite à la convention des parties, rechercher quelle a été la véritable inspiration du législateur en agissant ainsi, sonder en quelque sorte la pensée intime qui se révèle dans l'autorité conférée aux statuts.

Le législateur a constitué le crédit agricole sur les bases de la coopération et de la mutualité. Nous avons étudié au commencement de cet ouvrage comment il l'a conçu. Mais précisément, il n'a pas entendu la coopération et la mutualité quand il s'est agi de l'agriculture comme quand il a réglementé ces deux principes dans un sens tout à fait général, je veux dire quand il a créé les sociétés coopératives. Il a constitué de toutes pièces les sociétés coopératives comme il avait fait pour les sociétés préexistantes. L'organisation détaillée des associations coopératives est d'un bout à l'autre le fait de la loi ; celle-ci, ou directement, ou par des renvois et des assimilations à un état de choses existant, a réglementé tout leur organisme. En 1894, peut-être en considération de la méfiance instinctive du paysan pour tout ce qui est soumis à une réglementation rigoureuse de la loi et enfermé dans un cadre nettement tracé par elle, le législateur a décidé qu'il valait mieux, dans bon nombre de circonstances, laisser les associés organiser eux-mêmes l'institution nouvelle qu'il mettait à leur portée. Il y a là une faveur toute spéciale faite à l'agriculture ; la création de la loi en vue de sauvegarder et de protéger les intérêts agricoles est une création *sui generis* qu'on ne retrouve nulle part avec les mêmes caractères d'autonomie et d'originalité. Les promoteurs de la loi nouvelle comptaient probablement sur l'esprit d'indépendance et de bon sens avisé qui sont l'essence même du caractère du paysan.

Jugeant opportun de venir en aide à l'agriculture, ils ont pensé avec raison que le principe du crédit agricole à organiser était dans l'association coopérative et mutuelle ; ils ont agi judicieusement, en faisant une grande part à l'initiative de ceux qu'ils voulaient protéger, en offrant à ceux-ci le bienfait d'une institution nouvelle, il était sage de leur abandonner dans une large mesure le choix des moyens à employer pour s'en servir.

SECTION V. — **Comptes annuels. — Inventaire. — Intérêts. — Fonds de réserve.**

Comptes annuels. — Inventaire. — Bien que la société n'ait pas comme but spécial des bénéfices à réaliser, on conçoit aisément qu'elle en fasse. L'emploi de ces bénéfices a été prévu et réglementé par la loi. Un inventaire détermine chaque année l'état des créances et des dettes de la société.

Cet inventaire permet de constituer le passif et l'actif de la société. L'actif se compose des bénéfices bruts réalisés et des gratifications qui ont été faites à la société durant l'exercice. Il sert à payer le passif qui comprend les frais généraux (dépenses d'organisation et de fonctionnement, traitements d'employés, etc.) et les intérêts à servir soit aux associés, soit aux prêteurs ou aux déposants.

Nous allons étudier en détail — l'emploi qui sera fait des prélèvements sur les bénéfices en vue du paiement d'intérêts aux associés et — l'emploi des bénéfices nets après paiement des intérêts.

Intérêts. — L'article 3 de la loi de 1894 dispose : « Les « statuts détermineront les prélèvements qui seront opé- « rés au profit de la société sur les opérations faites par « elle. »

Ces prélèvements pourront, et en fait, il est à désirer qu'il en soit toujours ainsi, être opérés sur les bénéfices nets, après paiements des frais généraux et intérêts obligatoires des emprunts ou des dépôts. Mais il est possible aussi que, même en l'absence de bénéfices, la société serve à ses membres un intérêt de leurs mises. Cette opération ne pourrait s'effectuer qu'au moyen d'un emprunt qui augmenterait les charges de la caisse de crédit déjà peu prospère.

L'expression de prélèvement ne lui conviendrait plus. Elle est certainement contraire au principe qui préside à la constitution des sociétés de crédit agricole : mutualité inspirée par des sentiments de prévoyance et d'assistance.

Il y a dans ce fait de distribuer aux porteurs de parts un intérêt qui n'est pas pris sur des profits réels quelque chose de contradictoire, si l'on songe à l'idée qui fait la base et la force de toute coopération mutuelle et particulièrement de nos sociétés de crédit qui, comme les caisses de prêts de Raiffeisen comportent un élément de philanthropie et de bienfaisance résumé dans ce précepte : « Aimons-nous les « uns les autres. » Quoi qu'il en soit, nous croyons permis le paiement d'un intérêt, même en l'absence de bénéfices, toutes les fois que les statuts, ayant prévu ce cas, l'auront formellement autorisé. C'est l'interprétation admise par les meilleurs auteurs (1), et le silence de la loi ne nous autorise pas à supposer qu'il en soit autrement dans une matière où, précisément, une grande importance est donnée aux statuts. Il faut une clause expresse des statuts parce qu'en principe, et à défaut de pareille disposition, les associés n'auraient aucun droit à l'intérêt de leur agent. Que sont-ils en effet ? — Des associés qui ont en vue l'amélioration des conditions du crédit, dont le but est d'offrir de l'argent à un taux moins onéreux que celui auquel on le trouve couramment. Ce ne sont pas des prêteurs qui poursuivent la réalisation d'un gain et ont le droit d'exiger chaque année le paiement des services en argent qu'ils ont fournis (2). Nous pensons que cette clause est exprimée dans l'article 33 de la caisse agricole de la région du nord ainsi conçu : « Les sociétaires ont droit à un intérêt de « 5 0/0 sur le montant de leurs parts, qui est porté aux « frais généraux. » Il y a là, ce nous semble, un droit créé par les statuts et manifestement confirmé par la fin du paragraphe lorsqu'il déclare que cet intérêt est porté aux frais généraux. Cela implique que l'intérêt se paie, même avant constatation de bénéfices.

Quant au taux de cet intérêt on conçoit qu'il soit minime. La société sortirait de son but si elle servait de gros inté-

(1) M. Lyon-Caen à son cours.

(2) Ils ne seraient que cela cependant dans la nouvelle conception de la coopération entendue dans son sens le plus large ; le capital alors n'est plus qu'un moyen (V. ce que nous avons dit p. 64). Mais nous n'osons pas affirmer que le législateur de 1894 soit allé aussi loin dans l'application inconsciente peut-être de cette nouvelle doctrine, de là notre argumentation sur la théorie de l'intérêt.

rêts. La loi n'en a pas fixé elle-même le montant, et cette omission, certainement regrettable dans une matière où la spéculation, ne devant pas entrer, aurait dû rencontrer ici une entrave légale, a fait l'objet d'une observation de M. Lacombe lors de la discussion de la loi à la séance de la Chambre des députés du 27 octobre 1894 : « Je rappelle « une lacune considérable de la loi, à savoir qu'elle ne « limite pas le taux de l'intérêt à servir au capital. Les « associés, les syndiqués fixeront le taux qui leur con- « viendra. Il serait élémentaire cependant, en pareille « matière, de limiter à 3 fr. 25 0/0 l'intérêt qui sera servi « au capital. M. le rapporteur — Ce sont les statuts qui le « fixeront — M. Lacombe. Vous ne devez pas laisser ce « soin aux statuts, parce que vous savez bien ce que sont « les syndicats agricoles ; ils ne contiennent pas les élé- « ments démocratiques des syndicats professionnels. Ce « sont les plus gros agriculteurs qui composent les bureaux « d'administration ; ce sont eux qui rédigent les statuts, et « par conséquent, ce sont eux qui déterminent les intérêts « à payer au capital ; vous leur laissez une latitude que je « considère comme absolument dangereuse. »

Nous nous rangerons à l'opinion de M. Lacombe. La fixation du taux de l'intérêt est certainement une des questions où le législateur aurait dû, contrairement au système par lui adopté, laisser moins d'empire à la toute-puissance des statuts. Il résulte de cet état de choses que le taux de l'intérêt est très différent suivant les sociétés ; la Caisse agricole de la région du Nord le fixe à 5 0/0. Nous ne pouvons que regretter un taux aussi élevé ; celui proposé par M. Lacombe nous eût paru beaucoup plus raisonnable. La Société de crédit mutuel agricole de Chaumont donne 3 0/0 à ses porteurs de parts.

Emploi du surplus des bénéfices après paiement de l'intérêt. — Lorsque l'intérêt du capital a été versé aux associés, il est fait deux parts du surplus des bénéfices, la première sert à constituer le fonds de réserve. La disposition de la loi à cet effet est contenue dans l'article 3 *in medio* ainsi conçu : « Les sommes (en résultant) seront d'abord « affectées, jusqu'à concurrence des 3/4 au moins, à la « constitution d'un fonds de réserve, jusqu'à ce qu'il ait « atteint au moins la moitié du capital social. »

La loi, comme on le voit, impose un double minimum à la constitution du fonds de réserve. Tant qu'il n'aura pas atteint la moitié du capital social, les prélèvements à faire chaque année sur les bénéfices nets sont des 3/4. Ces 3/4 constituent un minimum que les statuts pourront dépasser à leur gré, en exigeant par exemple que tous les bénéfices soient affectés au fonds de réserve.

M. de Lanjuinais, dans la séance de la Chambre des députés du 20 juin 1892 avait proposé de laisser aux statuts le soin de déterminer le maximum que devrait atteindre le fonds de réserve par des versements annuels des 3/4 des bénéfices. Il déposa un amendement ayant pour but de remplacer la fin du paragraphe cité plus haut par celle-ci: « Jusqu'à ce qu'il ait atteint le maximum fixé par les sta- « tuts », argumentant de ce fait, que, le capital pouvant être très minime, voire même nul, en proportionnant le montant de la réserve au capital, on aboutirait quelquefois à constituer un fonds de réserve également minime ou même nul, « la moitié de zéro égalant zéro ».

La réponse de M. Méline, concluante en ce qu'elle objectait que, dans le système proposé par M. de Lanjuinais, la détermination tout à fait arbitraire faite par les statuts pourrait dans certains cas anéantir toute constitution d'un fonds de réserve, nous paraît insuffisante. Sans doute, ainsi que le dit M. Méline, « ce qu'il faut surtout « envisager, c'est l'hypothèse la plus générale, c'est la si- « tuation dans laquelle se trouveront le plus souvent la « plupart de ces sociétés, celle où elles auraient un capi- « tal et où elles feraient des bénéfices ; il a raison de pen- « ser que l'erreur de M. de Lanjuinais est de « raison- « ner sur une exception fort rare ». Mais il nous semble que, pour rare qu'elle soit, cette exception n'est pas négligeable. On aurait pu, à notre avis, concilier les deux opinions sur le mode de fixation du fonds de réserve, en admettant celle qui est donnée par M. Méline dans sa réponse telle que la loi l'établit, et en la faisant suivre, dans le sens de l'observation de Lanjuinais, d'une disposition prévoyant le cas où il n'y aurait qu'un capital très modique ou aucun capital. La rédaction suivante, par exemple, eut, croyons-nous, donné satisfaction aux deux partis et assuré dans tous les cas l'établissement d'un fonds de réserve : « Les « sommes en résultant seront d'abord affectées etc....., « jusqu'à ce qu'il ait atteint au moins la moitié du capital

« social » puis..... et dans le cas ou ce capital n'atteindrait « pas la somme de (? à déterminer) ou serait nul, jusqu'à « ce qu'il ait atteint le maximum fixé par les statuts lequel « maximum ne pourra jamais être inférieur à (? à déter- « miner). »

Le législateur aurait procédé d'autant plus sagement en agissant ainsi que le fonds de réserve est pour ainsi dire indispensable dans les sociétés de crédit agricole, parce qu'il constitue une des garanties les plus sérieuses et les plus solides qu'elles offrent aux prêteurs et aux associés, et qu'en rassurant tous ceux qui ont des relations d'affaires avec elles, il est un agent considérable du développement progressif et de la prospérité de leurs opérations. Nous sommes heureux de pouvoir citer à l'appui de notre opinion personnelle le témoignage de M. Méline lui-même ! « Je n'ai pas besoin de dire l'importance que nous atta- « chons à la constitution de la réserve dans nos petites « sociétés. Bien souvent, elle en sera la véritable garan- « tie, elle constituera la base la plus solide de leur crédit. « Il faut donc qu'à partir du jour où elles seront formées, « elles soient tenues par leurs statuts de pourvoir à la cons- « titution de cette réserve. C'est pour cela que nous avons « décidé que les bénéfices faits par ces sociétés seraient « divisés en deux parts, et que l'une de ces parts serait « affectée à la constitution de la réserve. »

La loi de 1894 règle dans le paragraphe suivant de l'article 3 l'emploi qui devra être fait du reliquat des bénéfices après la formation du fonds de réserve. « Le sur-

« plus pourra être réparti, à la fin de chaque exercice, « entre les syndicats et entre les membres des syndicats, « au prorata des prélèvements faits sur leurs opérations. « Il ne pourra, en aucun cas, être partagé sous forme de « dividende entre les membres de la société. »

Il s'agit là d'une restitution de bonis effectuée, en vertu des idées nouvelles, qui se font jour en matière de coopération, au prorata des opérations traitées avec la société, même par des personnes qui n'en sont pas membres, mais qui sont seulement syndiquées. Nous avons exposé plus haut cette théorie très originale en même temps que très juste (1).

Le législateur a été bien inspiré lorsqu'il a décidé qu'aucun dividende ne serait distribué à la fin de chaque exercice. Mais allant au bout de sa pensée qui tendait à favoriser et à récompenser les clients effectifs de la société, sans souci des associés capitalistes qui ne traitent souvent aucune affaire dans le cours d'un exercice, il aurait dû exiger que cet emploi du surplus des bénéfices fût imposé chaque année, qu'il y eût là non pas une simple faculté mais une obligation inéluctable. Remplacer la distribution de dividendes dont les gros agriculteurs, possesseurs de la fraction la plus importante du capital social, retireraient la plus forte partie, par une répartition aux travailleurs, aux coopérateurs qui sont vraiment intéressants, ceux pour qui la loi nouvelle a été créée, c'est là une heureuse disposi-

(1) V. p. 63 et suivantes.

tion. Il est sage aussi de proportionner la répartition aux « prélèvements faits sur les opérations », c'est-à-dire en définitif, aux opérations faites par chacune des personnes qui ont traité avec la société. Basée sur la coopération et la mutualité, l'association de crédit, en vertu de la loi, réserve ses profits qui ne sont, à vrai dire, que des « excédents » des « trop-perçus » aux véritables travailleurs, dans la mesure de leur coopération. N'est-il pas regrettable que le législateur ait manqué de précision et n'ait pas, en termes impératifs ordonné que le surplus des bénéfices soit réparti de la sorte. Il eût ainsi assuré, de toute façon, à ceux pour qui il faisait la loi nouvelle, tous les profits et tous les avantages qu'elle peut réaliser. Que se passera-t-il au contraire le plus généralement, avec la teneur actuelle de l'article 3 : « le surplus *pourra être réparti* à la fin de chaque exercice » ? Qui ne voit qu'en fait, il ne le sera jamais au bout de l'année. La preuve qu'il ne le sera pas, c'est que dans une société à laquelle nous avons précisément fait le reproche de donner une trop grande part à l'élément capitaliste, un article des statuts décide que « les bénéfices nets sont portés en entier au fonds de réserve » (art. 33 *in fine*). Prévoyance dira-t-on ! Nous persistons à croire, au contraire, que c'est une adroite et ingénieuse combinaison dont tout le profit revient aux capitalistes. Qu'on ne l'oublie pas en effet, ce sont les gros agriculteurs, ceux qu'une apparence de générosité, souvent suscitée par l'orgueil et l'ambition, a poussés dans la société dont la qualité de syndiqués leur ouvrait l'accès, ce sont ces capitalistes dirons-nous plutôt, car rarement ils auront un autre but que celui de faire un placement avantageux, ce sont ceux-là qui recevront mandat d'administrer la société. Leur instruction plus développée que celle des autres petits associés et leur plus grande habitude des affaires l'exigent ainsi dans l'intérêt commun ; c'est donc à juste titre qu'ils constitueront très souvent le conseil d'administration. Mais précisément, dans la question qui nous occupe en ce moment, à moins d'être excessivement généreux et réellement plus désintéressés que nous l'avons à dessein supposé, ils feront passer leur intérêt personnel avant l'intérêt général ; ils vont s'abstenir de répartir les reliquats annuels des bénéfices pour les accumuler au fonds de réserve, ainsi qu'il leur est permis de le faire (1), jusqu'à l'époque de la dissolution de la société où il en sera fait un emploi différent conformément à la loi (2). La critique de M. Lacombe à la séance de la Chambre des députés du 27 octobre 1894 n'était pas sans objet : « Les capita-« listes pourront donc se réunir au nombre de 8 ou 10, « poursuivre leurs opérations pendant 5 ans, et partager « au bout de ce temps le reste de l'actif, autrement dit « les *dividendes qui n'auront été que différés* ».

En résumé, dans la pratique, et à moins de clauses impératives des statuts, on pourra ne pas user de la faculté

(1) Les discussions de la loi ne laissent aucun doute à cet égard.

(2) Art 3 *in fine*. « A la dissolution de la société, ce fonds de réserve « et le reste de l'actif seront partagés entre les sociétaires *proportion-« nellement à leurs souscriptions*, à moins que les statuts n'en aient « affecté l'emploi à une œuvre d'intérêt agricole. »

que la loi accorde de répartir annuellement le surplus des bénéfices à tous les coopérateurs syndiqués indistinctement, et les capitalistes recueilleront en définitive, à la dissolution de la société, des profits qu'ils n'ont pas directement travaillé à créer, et dont le législateur entendait certainement régler de tout autre manière la dévolution.

SECTION VI. — **Dissolution des sociétés de crédit agricole. — Liquidation. — Partage. — Prescription. — Contestations entre associés.**

Dissolution. — Suivant une progression, nous étudierons successivement : Les causes de dissolution communes à toutes sociétés. — Celles qui sont spécialement applicables aux sociétés par intérêt ou sociétés de personnes, par conséquent aux sociétés de crédit agricole. — Celle qui est tout à fait spéciale à la matière et prévue dans l'article 6 *in medio.*

Comme causes de dissolution agissant à l'égard de toute espèce de société, il faut citer, d'après les articles 1865 à 1871 du Code civil : L'expiration du temps pour lequel elle a été contractée — la consommation de la négociation — l'extinction de la chose — la volonté des associés — une décision de justice.

Nous commencerons par rejeter deux causes de dissolution qui sont inapplicables aux sociétés de crédit agricole — la consommation de la négociation et l'extinction de la chose. — Quant à la première, elle ne saurait être admise en notre matière, parce que les sociétés dont il s'agit ici n'ont pas pour objet une ou plusieurs opérations limitativement déterminées, mais une foule d'opérations sans cesse renouvelées et toujours renouvelables. Leur but est de procurer et d'alimenter le crédit ; or le besoin de crédit est incessant. L'extinction de la chose ne peut davantage être une cause ordinaire de dissolution attendu que les sociétés de crédit agricole pourraient ne pas avoir de fonds social, et que lorsqu'elles en ont un, il n'est composé que d'argent. Si cet argent disparaît, on se trouve dans la même situation que s'il n'y avait pas eu de capital souscrit, et la société qui eut pu se constituer valablement en son absence ne saurait s'éteindre parce qu'il fait défaut.

Il arrive cependant, qu'en vertu de certaines clauses des statuts, la dissolution puisse être demandée en cas de perte d'une partie du capital social variant suivant les sociétés. La Société de Remiremont autorise cette demande lorsque le capital social par suite des pertes subies est réduit à 1/4 ; celle de Chaumont, pour une réduction de moitié. Nous citons la disposition toute particulière inspirée par une extrême prudence de l'article 34 des statuts de la Caisse agricole de la région du Nord : « En cas de perte *du dixième* « du capital social, les administrateurs doivent convoquer « l'assemblée générale, à l'effet de statuer sur la continua- « tion ou la dissolution de la société. »

C'est aux statuts qu'il appartient de déterminer la durée pour laquelle la société s'est formée. Ils pourraient, comme dans la Société de crédit mutuel agricole de la Haute-Marne à Chaumont, fixer une durée illimitée (1). Généralement, ils assignent un délai au bout duquel la société est dissoute sauf le cas de prorogation ou de dissolution anticipée. Ce délai est de 20 ans à Remiremont et Epinal, 30 ans à Segré, 30 à Amiens, 99 à Belleville. La prorogation ou la dissolution anticipée sont votées par une assemblée générale extraordinaire ou modificative des statuts, à l'unanimité ou à la majorité exigée par ces statuts (2). Les délibérations prises à cet effet doivent être publiées conformément à l'article 5 de la loi du 5 novembre 1894.

Par dérogation à la règle générale et essentielle des contrats « la convention fait la loi des parties », on permet à l'un quelconque des associés de faire appel à la justice pour rompre le contrat de société toutes les fois qu'il a, pour appuyer sa demande, de justes motifs, notamment quand un des membres de la société manque à ses engagements, qu'une infirmité habituelle l'empêche de concourir aux affaires sociales, qu'une incompatibilité d'humeur ou une crise économique grave vient entraver le bon fonctionnement de la société. « La chaîne que forge la société, en « privant ses membres de leur indépendance, a paru trop « lourde pour imposer la continuation du contrat, si les

(1) Dans la société à durée illimitée, la volonté qu'un seul ou plusieurs des associés expriment de ne plus être en société suffit pour la dissoudre si elle n'est : 1° ni par actions auquel cas tout associé peut céder ses actions ; 2° ni à capital variable, auquel cas tout associé peut reprendre sa mise.

(2) L'article 34 *in fine* des statuts de la Société de Chaumont dispose : « La dissolution ne peut être votée que par une majorité comprenant les deux tiers au moins des voix présentes. »

« circonstances devaient changer par cessation d'entente, « perte des débouchés ou autrement (1). »

La légitimité et la gravité des raisons invoquées sont laissées à l'arbitrage du juge (art. 1871 du Code civil).

Les causes de dissolution dont nous allons maintenant nous occuper, sont exclusivement applicables aux sociétés de personnes, et, comme telles, aux sociétés de crédit agricole.

Elles sont une conséquence de l'*intuitus personæ* qui joue dans ces sortes d'associations un rôle capital. « Les « sociétés par intérêt, dit M. Thaller, prennent leur « source du haut degré de confiance que les membres « s'inspirent mutuellement. Leur individualité, leur état « civil sont entrés comme facteurs dans le contrat qui les « unit. Si l'associé disparaît comme individu, ou si sa « position juridique vient à changer, ces conditions de « confiance se trouvent affectées, au point de nécessiter « la cessation de la société. C'est cette personne qu'on a « prise en considération, ce ne sont pas ses successeurs « éventuels ou un curateur à ses biens. On a voulu s'asso- « cier à un individu solvable, non pas à un failli.

« De là des causes de dissolution étrangères aux socié- « tés par actions, et provenant de ce qu'on pourrait appe- « ler une *capitis minutio*. Elles se produisent en droit « français, même si l'associé en qui le changement s'o- « père n'est qu'un associé à responsabilité limitée, un « commanditaire. »

(1) M. Thaller, *Traité élém. de dr. comm.*, p. 210.

La fin de cette citation s'applique fort bien aux associés dont nous nous occupons, puisque la plupart du temps les statuts limitent leur responsabilité au montant de leur mise, de telle façon qu'on a tenté de les assimiler aux membres d'une commandite simple où il n'y aurait que des commanditaires (1).

Les articles 1865 à 1868 du Code civil énumèrent les causes de dissolution spéciales aux sociétés par intérêt : mort, retraite, interdiction légale ou judiciaire, faillite, liquidation judiciaire ou déconfiture de l'un des associés.

Il faut tout d'abord remarquer qu'en vertu de l'article 54 de la loi du 24 juillet 1867, ces diverses causes de dissolution ne frappent pas les sociétés à capital variable. C'est donc inutilement que la société de crédit mutuel agricole de Chaumont, constituée sous cette forme, a réglementé ce cas prévu par le droit commun, dans l'article 4 de ses statuts : « la société ne pourra être dissoute par la mort, etc. ..... Elle continuera de plein droit entre les associés ». Du reste, les statuts ont encore une grande autorité en cette matière. Ils peuvent contenir des clauses dérogatoires à la règle générale, par exemple autoriser l'exclusion de certains associés ; clause d'une importance précieuse dans des associations, où il convient d'éliminer tous ceux qui ne répondent plus à la considération qu'on avait pour eux, et ne sont plus dignes de bénéficier des avantages et des faveurs de la société. D'autre part, rien n'empêche les

(1) M. Arthuys, *op. cit. Revue critique de législ. et de jurisprudence*, 1895, p. 327.

statuts d'user du droit accordé par l'article 1868 du Code civil de stipuler la continuation de la société, malgré le décès d'un ou de plusieurs associés, entre les seuls survivants ou entre ceux-ci et les héritiers du prédécédé. Presque tous les statuts prévoient et règlent cette hypothèse ; la loi a bien fait de leur accorder une grande latitude en cette matière ; il y allait de l'intérêt même des sociétés qu'elle créait.

Nous allons nous arrêter quelques instants sur une cause de dissolution toute particulière, et qui, à raison de son importance, mérite de fixer l'attention. Il s'agit de la faillite et de la liquidation judiciaire.

En ce qui concerne la faillite et la liquidation judiciaire applicables aux sociétés elles-mêmes, disons en passant que les banques agricoles, comme toutes les sociétés, commerciales à des titres divers, sont susceptibles d'être déclarées en faillite ou mises en liquidation judiciaire. La loi du 4 mars 1889 en supposant dans son article 3, § 2, la mise en liquidation judiciaire d'une société anonyme a fait justice de l'opinion qui niait la possibilité de ces deux états pour les sociétés commerciales à responsabilité limitée à l'apport, sous prétexte que personne n'y encourrait les déchéances édictées par le Code de commerce applicables aux personnes, telles que l'emprisonnement du failli. Le tribunal compétent en matière de faillite ou de liquidation judiciaire d'une société de crédit agricole est celui dans le ressort duquel est établi le siège social.

Du reste, la faillite et la liquidation d'une société n'entraînent pas sa dissolution, la société subsiste néanmoins. Les effets en seront différents à l'égard des associés, suivant que ceux-ci sont tenus solidairement ou non. Dans le premier cas seulement, la faillite de la société emportera celle de tous ses membres et entraînera, par voie indirecte et à cause de cette dernière, sa dissolution. La jurisprudence est unanime en ce sens (1). Les sociétés de crédit agricole étant presque toutes à responsabilité limitée, la faillite de ces sociétés n'entraînera presque jamais celle de leurs membres.

Enfin la faillite d'un associé n'implique pas celle de la société mais entraîne la dissolution de celle-ci. Cette cause de dissolution se produira rarement en notre matière, les membres des sociétés de crédit agricole n'étant généralement pas commerçants.

L'article 6 de la loi du 5 novembre 1894 édicte une cause de dissolution d'un genre particulier provoquée spontanément par l'autorité judiciaire : « le tribunal pourra en « outre, à la diligence du procureur de la République, « prononcer la dissolution de la société. »

La place occupée par cette disposition, au milieu de l'article 6 qui réglemente la responsabilité des administrateurs, indique clairement qu'elle est une sanction spéciale de cette responsabilité, en cas de violation des statuts ou des prescriptions de la loi.

L'ingérence des pouvoirs publics dans une institution où une part si grande est faite à l'initiative individuelle

(1) Chambre des Requêtes des 17 avril 1861, D. P. 1861.1.254 et 13 mai 1879, D. P. 1880.1.29.

est remarquable et d'autant plus surprenante qu'elle ne s'exerce dans aucune autre société commerciale. Certains auteurs ont essayé de la justifier en l'offrant comme une garantie de bonne gestion : « Ceux qui se soumettent à la « loi de 1894, dit M. L. Durand (1), sont obligés de discu- « ter avec le parquet toutes leurs affaires, toutes les clauses « de leurs statuts, toutes les opérations de la société, et « cela, sous la menace de peines correctionnelles et de « dissolution. Que les syndicats ne s'imaginent pas qu'ils « peuvent compter toujours sur la tolérance des parquets. »

La vérité, c'est qu'il y a là une entrave, une gêne capable d'arrêter le mouvement en faveur de la constitution des sociétés de crédit agricole organisées par la loi de 1894. Il est regrettable que, visant les syndicats transformés eux-mêmes en sociétés de crédit aux termes du projet primitif, cette disposition de l'article 6 soit demeurée dans le projet modifié par le Sénat et dans la loi actuelle. Elle aggrave encore la responsabilité déjà fort lourde des administrateurs ; il faut souhaiter vivement son abrogation.

Il nous reste à dire quelques mots de la publicité requise en cas de dissolution. L'article 61 de la loi du 24 juillet 1867 y soumettant seulement « les actes et délibérations prononçant la dissolution », il faut exclure les cas, où celle-ci a lieu à l'époque fixée, ou résulte d'un fait qui ne provient pas de la volonté des parties, comme le décès d'un associé. La publicité est exigée au contraire, lors-

(1) *Bulletin de l'Union des caisses rurales et ouvrières*, juin 1895, p. 3.

qu'une délibération des associés ou un acte de justice est intervenu pour dissoudre la société. Aucun délai n'est imparti pour l'accomplissement des formalités de publicité qui sont spécialement déterminées par l'article 5 de la loi de 1894 (1) sur les sociétés de crédit agricole.

Liquidation. — Partage. — Prescription. — Contestations. — « En cas de dissolution, dit l'article 38 de la So« ciété de crédit mutuel agricole de la Hte-Marne, l'as« semblée générale nomme, à la simple majorité des voix, « un ou plusieurs liquidateurs chargés de réaliser et de « répartir le capital social entre les sociétaires. »

Tous les statuts ont pouvoir de réglementer la liquidation, et spécialement de déterminer les fonctions des liquidateurs, qui sont des mandataires de la société subsistant après sa dissolution comme personne morale en vertu du principe de la personnalité des sociétés en liquidation. La liquidation consiste à faire état de l'actif et du passif de la société ; dès que l'actif net est déterminé, le partage a lieu entre tous les associés « proportionnellement à leur sous« cription, à moins que les statuts n'en aient affecté l'em« ploi à une œuvre d'intérêt agricole » (art. 3 *in fine* de la loi de 1894).

Pour le mode du partage à effectuer entre associés, il n'y a qu'à s'en rapporter au droit commun ainsi qu'il résulte de l'article 1872 du Code civil : « Les règles concer« nant le partage des successions, la forme de ce partage,

(1) V. Thèse, p. 103 et suivantes.

« et les obligations qui en résultent entre co-héritiers,
« s'appliquent aux partages entre associés. »

Il y aurait lieu également de s'en référer au droit commun qui régit les sociétés commerciales en ce qui touche le délai de la prescription, et de décider, conformément aux opinions le plus communément admises : 1° Que les actions contre la société sont prescriptibles seulement par 30 ans ; 2° Que les actions contre les associés après la dissolution de la société expireront au bout de 5 ans conformément à l'article 64 du Code de commerce.

Les contestations entre associés sont réglées par le tribunal de commerce du lieu où la société de crédit agricole a son siège social. Les statuts présentent souvent relativement à cette matière des dispositions telles que celle renfermée dans l'article 39 de la Société de Chaumont :
« Toutes contestations sur l'exécution des présents sta-
« tuts sont soumises au tribunal de commerce de Chau-
« mont. Les sociétaires sont tenus d'élire domicile à Chau-
« mont ; à défaut, toute notification sera valablement faite
« au greffe de la justice de paix de Chaumont. Aucune
« contestation ne peut-être portée devant la justice, sans
« avoir été déjà soumise au conseil d'administration. »

Il faut voir, dans cette dernière phrase, une application de l'idée que nous nous sommes efforcés, dans cette étude, de faire apparaître comme dominant tout le régime auquel sont soumises les sociétés de crédit agricole, de cette idée que basées sur la coopération et l'effort mutuel de gens vivant dans un même milieu, ces associations doivent former une sorte de famille profondément unie, solidement groupée et organisée, susceptible de se réglementer dans une large mesure, et apaisant elle-même autant que possible dans l'intimité, par le moyen de son conseil d'administration, les discussions qui se produisent dans son sein.

SECTION VII. — **Règles fiscales.**

Patente et impôt sur les valeurs mobilières. — L'article 4 *in fine* de la loi de 1894 dispose que les sociétés de crédit agricole autorisées par la présente loi « sont exemp- « tes du droit de patente, ainsi que de l'impôt sur les va- « leurs mobilières. »

Il y a lieu de se demander si la loi a consacré, par cette disposition, un état de choses existant naturellement, ou si elle a vraiment exonéré les sociétés de crédit agricole de deux impôts que celles-ci auraient eu à payer.

Les discussions qui se sont élevées lors de la préparation de la loi à propos du paragraphe de l'article 4 qui nous occupe font plutôt croire que ces deux impôts eussent, de droit commun, frappé les banques agricoles. Quant au premier, il est visé par l'article 1er de la loi du 15 juillet 1860 sur la contribution des patentes : « Tout individu, « français ou étranger, qui exerce en France un commerce, « une industrie, une profession, non compris dans les « exceptions déterminées par la loi, est assujetti à la con- « tribution des patentes. »

Le caractère commercial imprimé par la loi de 1894 aux sociétés de crédit agricole semble les avoir obligées à payer cet impôt. Il est vrai, d'autre part, qu'une jurisprudence constante du Conseil d'État, établie par de nombreux arrêts, en ce qui concerne les sociétés coopératives de consommation et de crédit, exonère celles-ci de la contribution des patentes, lorsqu'elles ne font des affaires qu'avec leurs membres et ne visent pas à réaliser des bénéfices. De plus, un arrêt du Conseil d'État du 28 novembre 1891 imposant de la patente une banque qui réservait annuellement 30 0/0 de ses bénéfices aux actionnaires, fournit un argument *a contrario* à ceux qui prétendent que, par la nature de ses opérations, une société de crédit agricole n'avait pas à payer cet impôt. Ce n'est pas ainsi toutefois que pensait M. Doumer demandant s'il n'y avait pas « injustice à exempter de la patente des sociétés qui auraient un caractère « absolument commercial » et réclamant pour elles l'application du droit commun, donc l'obligation de la supporter. Au Sénat également, on fit remarquer le danger qu'il y avait à exonérer de cette charge les nouvelles sociétés, alléguant qu'elles allaient, avec la protection de la loi, faire concurrence à l'industrie locale.

Malgré ces observations, l'exception fut admise comme une faveur toute particulière accordée à des sociétés dont il fallait faciliter le développement.

L'impôt sur les valeurs mobilières a été fixé, par la loi du 29 juin 1872 qui l'établit, à 3 0/0 et porté à 4 0/0 par la loi du 26 décembre 1890. D'après son assiette, il devrait, dans nos sociétés de crédit, frapper les revenus des parts d'intérêts et les intérêts des emprunts. Sans l'exemption de la loi de 1894, il est probable qu'il eût fallu le payer. « La disposition de la loi qui crée cette exemption fut critiquée par les uns, comme inutile puisque ces sociétés « ne distribuent pas de dividendes ; par les autres au contraire (notamment par M. Rouvier), comme introduisant « une faveur exorbitante, puisque ces sociétés peuvent, « les frais déduits, réaliser des bénéfices. Mais ils ne sont « pas distribués sous forme de dividendes, ils le sont proportionnellement aux opérations faites, et cela a paru « suffisant pour justifier cette nouvelle exception (1). »

M. le ministre des finances émettait, dans la séance de la Chambre du 27 octobre 1894, le vœu que la taxe sur le revenu fût « au moins applicable à la plus-value du fonds « social qui serait répartie à la dissolution entre les associés proportionnellement à leur souscription ». Cette idée méritait d'être prise en considération, et certainement, elle eût rallié de nombreux suffrages. Pressés d'aboutir, les législateurs ont préféré exempter complètement les nouvelles sociétés du paiement de l'impôt sur le revenu des valeurs mobilières.

Droits de timbre, de transmission et d'enregistrement. — Des impôts qui frappent les sociétés, trois nous restent à étudier. Nous nous occuperons d'abord du droit de timbre. Une loi du 5 juin 1850 frappe les titres au porteur, nomi-

(1) M. Arthuys, *Revue critique de législation et de jurisprudence*, p. 347.

natifs ou à ordre des sociétés par actions, d'un droit de timbre proportionnel de 0,50 ou 1 0/0, suivant que la durée de la société est inférieure ou supérieure à 10 ans. On peut du reste remplacer cet impôt par un droit d'abonnement annuel de 0,05 0/0. La loi du 5 juin 1850 ne s'applique pas lorsque les titres ne sont pas négociables, mais seulement cessibles d'après les formalités de l'article 1690 du Code civil. C'est alors celle du 22 frimaire an VII qui frappe la cession d'actions d'un droit proportionnel de 0,50 0/0.

Ces dispositions étant spéciales aux sociétés par actions il est impossible de les étendre aux sociétés de crédit agricole dont nous avons considéré les parts comme des parts d'intérêts. Le seul impôt pouvant alors frapper les titres mis en la possession des associés est l'impôt du timbre de dimension.

Quant au droit de transmission, il est fixé, par la loi du 16 septembre 1871, pour les cessions de titres nominatifs, à 0,50 0/0 ; la taxe annuelle qui le remplace, pour les titres au porteur, est, en vertu de la loi du 29 juin 1872, de 0,20 0/0.

La difficulté entre la jurisprudence et l'administration de l'enregistrement qui voulait faire payer à la part d'intérêt un droit de 2 0/0 est maintenant aplanie, et un arrêt de la Cour de cassation du 14 novembre 1877 (1) qui tranche la question dans le sens de l'assimilation de l'intérêt à l'action, nous permet de décider que le droit à payer pour

(1) Sirey, 1878.1.44.

les cessions de parts dans les sociétés de crédit agricole est bien de 0,50 0/0.

Le droit d'enregistrement des actes de société, par lequel nous terminons, est actuellement régi par la loi de finances du 28 avril 1893 dans son article 19 ; il consiste en un droit proportionnel de 0,20 0/0. On se demande si les sociétés de crédit agricole ont à le supporter. Les déclarations formelles de M. Méline à son sujet, dans la séance de la Chambre des députés du 16 juin 1892, nous permettent de décider qu'elles ne sont pas assujetties en principe au paiement de cette taxe. « Il n'y a pas, disait M. Méline, d'acte « de société, mais seulement des statuts. Quand il y aura « un procès, on les fera enregistrer, s'il y a lieu. » C'est alors seulement, en cas de procès, que les sociétés de crédit agricole auraient à acquitter le droit d'enregistrement de 0,20 0/0.

CHAPITRE III

LES CAISSES RÉGIONALES DE CRÉDIT AGRICOLE.

Après la création de la loi de 1894, tous ceux qui s'intéressaient dans le Parlement au sort de l'agriculture trouvaient insuffisantes les nouvelles sociétés de crédit agricole, les banques locales abandonnées complètement à elles-mêmes. A tort ou à raison, ils pensaient que pour couronner l'œuvre accomplie, il fallait venir plus directement encore en aide aux agriculteurs, soit par des subventions, soit par l'établissement d'institutions organisées sur des bases plus larges et destinées à protéger celles déjà créées dans de petites localités. Cette idée se fait jour dans la discussion du projet de loi sur le renouvellement du privilège de la Banque de France voté en décembre 1897. A l'occasion de la prorogation de son privilège pour 23 ans, c'est-à-dire jusque 1920, sauf accord des deux Chambres dans l'année 1911, pour en arrêter les effets à la date du 31 décembre 1912, notre grand établissement financier consentit à l'État, outre la redevance annuelle qu'il paie comme prix des faveurs à lui accordées, une avance de 40.000.000 sans intérêts (art. 3 et 5 de la loi du 17 décembre 1897).

C'est au moyen de ces redevances annuelles et de l'usage de cette avance remboursable de 40.000.000 que le législateur a pensé venir en aide à l'agriculture, et compléter l'organisation par lui faite en 1894 du crédit agricole. Sur la proposition de M. Rouvier un article additionnel à la loi du 17 décembre 1897 fut voté en ce sens qui disposait : « Les sommes vrsées par la Banque par application des « articles 3 et 5 seront réservées et portées à un compte « spécial du Trésor, jusqu'à ce qu'une loi ait établi les « conditions de création et de fonctionnement d'un ou de « plusieurs établissements de crédit agricole. »

Cet article est le point de départ de la loi votée tout dernièrement par le Sénat, la loi du 31 mars 1899 sur les Caisses régionales de crédit agricole.

Le projet de loi qu'elle consacre a été déposé par M. Méline quelques jours après le vote du renouvellement du privilège de la Banque de France, et c'est la commission qui avait travaillé au projet de loi sur la prorogation de celui-ci qui fut également chargée de l'examiner. Adopté par la Chambre des députés sur un rapport de M. Jean Codet, il l'a été le 17 mars dernier par le Sénat après rapport de M. Lourties.

Plusieurs systèmes avaient été présentés, ayant pour but la centralisation du crédit agricole.

On avait notamment proposé de faire de la Banque de France directement l'organe distributeur du crédit agricole, et dans ce but, on demandait que celle-ci pût faire aux agriculteurs des prêts à deux signatures seulement et à échéance de plus de trois mois. Un amendement de MM. Viviani, Millerand, Jaurès, Deville et Pelletan à cet effet a été repoussé (1) lors du renouvellement du privilège de la Banque de France. Les raisons que donne M. Maurice Lebon, rapporteur, pour justifier cet échec, nous paraissent excellentes : « Nous avons dit plus haut « comment, par ces deux mesures (papier à deux signatures et échéance de plus de 3 mois), on pourrait porter au « crédit de la Banque un coup fatal : y aurait-il moyen de « les appliquer uniquement au papier agricole ? N'en voit-« on pas de suite les impossibilités : comment attribuer à « une catégorie de citoyens des avantages dont seraient « privés les autres, et en vertu de quel droit refuser aux « commerçants, armateurs, industriels, ce qui serait ac-« cordé aux agriculteurs ? L'assimilation serait fatale et « s'imposerait forcément. La Banque de France ne peut « faire du crédit agricole que *dans les mêmes conditions* « *que* celles qu'elle offre à tout le monde ; dès à présent, « elle fait des opérations de crédit agricole dans les pays « d'élevage comme la Nièvre et le Calvados, qui montent « à plusieurs millions, et elle accorde des renouvellements « successifs qui n'ont rien de dangereux, parce qu'ils sont « facultatifs, mais qui prendraient un tout autre caractère « s'ils étaient obligatoires en vertu de ses statuts et s'im-« posaient à elle, même en temps de crise. »

Un autre système proposé et défendu par M. Jaurès, dans la séance du 17 juin 1897, tendait à la création *d'une Banque centrale* agricole qui aurait reçu les avances de la Banque

(1) Ch., *in extenso*, 1, 1897, p. 1540.

prévues lors du renouvellement de son privilège, plus une avance en billets de banque de 500.000.000 à 1 0/0 d'intérêts. Cette banque aurait fait des prêts, d'une durée variable selon la nature des opérations agricoles, et garantis par un privilège analogue à celui du bailleur et préférable à lui. Nous avons déjà dit qu'à cause de son éloignement, des moyens insuffisants qu'elle aurait de se renseigner sur la moralité des emprunteurs, à cause aussi de la défiance de ceux-ci à son égard, une banque centrale ne pouvait produire de bons résultats en matière de crédit agricole. La tentative malheureuse de 1860, la faillite de la société centrale créée à cette époque est une preuve manifeste du peu de succès qui en serait résulté.

M. Jaurès défendit cependant avec beaucoup de talent le projet d'organisation d'une banque centrale, et au premier abord, il paraît avoir confondu les partisans de l'institution des caisses locales et régionales. « La preuve, di-
« sait-il, que la thèse absolue (celle de M. Méline) que
« l'on prétend nous imposer n'est qu'une thèse d'école et
« ne résiste pas à la réalité, c'est que vous-mêmes, dans
« vos prévisions de l'heure présente, vous êtes obligés de
« vous acheminer vers la conception d'une banque cen-
« trale. Au début, vous ne parliez que de petites mutua-
« lités agricoles, de petits groupes locaux de cultivateurs,
« se garantissant les uns aux autres le crédit. Si j'inter-
« prète la pensée inconnue pour nous, mystérieuse, du
« Gouvernement, par les déclarations apportées à cette
« tribune par le président de la commission, vous songe-

« riez maintenant à des *banques régionales*, et il vous pa-
« raît probablement difficile, en effet, de laisser le crédit
« agricole dans cet état absolu de dispersion et d'émiette-
« ment, où le tiennent les petites mutualités agricoles ;
« vous pensez, sans doute, que ces mutualités locales n'ont
« ni assez de ressources, ni assez de crédit, ni, en cas de
« sinistre agricole, assez de résistance ou de solidité, pour
« que vous ne chargiez pas une banque régionale étendant
« ses opérations sur plusieurs départements, de relier et
« de consolider leurs opérations locales. »

Il est très vrai que poussé à l'extrême, le système de M. Méline aboutirait à la centralisation, comme point d'arrivée, alors qu'au contraire, celui de M. Jaurès faisant de cette centralisation son point de départ, aboutirait à des ramifications multiples qui ne seraient peut-être que des banques locales. Mais ce qui nous fait préférer l'organisation des caisses régionales, et ce qui fait qu'au fond, il y a antithèse absolue entre les deux conceptions, c'est que le principe, et c'est au principe qu'il faut tout rattacher, n'en est pas le même. Pour M. Jaurès, l'instrument du crédit agricole, c'est l'État avec des subdivisions de fonctionnaires ; son système est une forme du socialisme d'État. Pour M. Méline au contraire, c'est « par en bas » que le crédit commence son organisation ; le nerf, la force du crédit c'est la moralité des emprunteurs qui s'unissent dans une association coopérative, c'est la mutualité née de l'initiative privée. Voilà pourquoi l'idée même d'une banque centrale en sera pas incompatible un jour avec la conception que l'on s'est faite du crédit à organiser ; aujourd'hui, une pareille pensée serait prématurée. « Nous avons vu, dit « M. Lourties dans son rapport au Sénat sur les caisses « régionales à créer, que l'Allemagne avait adopté le sys- « tème d'une banque centrale subventionnée par l'État. « Devions-nous l'imiter ? Nous n'hésitons pas à répondre « négativement ; car, chez nous, une caisse centrale, au « lieu d'être la conséquence d'une œuvre parvenue à un haut « degré de perfectionnement, comme en Allemagne, cons- « tituerait, à peu de chose près, le point de départ de l'or- « ganisation du crédit agricole.

« Aussi ne pouvons-nous que féliciter le Gouvernement « et la Chambre des députés d'avoir écarté l'idée de la créa- « tion d'une Banque centrale à Paris, et d'avoir appliqué « les principes de la mutualité au projet relatif aux Cais- « ses régionales, comme l'avait fait le législateur de 1894 « aux Caisses locales de crédit agricole mutuel. La loi du « 5 novembre 1894 avait eu l'heureuse inspiration d'orga- « niser le crédit agricole « par en bas », latéralement aux « syndicats agricoles, afin de rapprocher, de fortifier et « compléter l'action de ces deux précieux facteurs du pro- « grès agraire.

« Mais il restait un pas à faire. Il fallait, à l'exemple des « syndicats qui, profitant de leur rapide expansion, avaient « su créer les admirables unions régionales qui les com- « plètent si utilement, provoquer en faveur des sociétés « locales de crédit agricole, en grande partie éparses dans « nos campagnes, sans liaison et sans soutien, une orga-

« nisation régionale. C'est à cela que tend le projet actuel. »

On voit dans quel esprit sont conçues les caisses régionales dont les Chambres viennent de doter tout récemment l'agriculture. Nous allons examiner successivement ce que sont ces caisses de crédit et les opérations qu'elles ont à traiter.

Les caisses régionales de crédit sont constituées sur la même base que les sociétés locales ; elles ont une organisation identique. Possédant un capital social la plupart du temps, elles auront comme celles-ci les mêmes moyens de former ou d'augmenter leur fonds de roulement. Mais elles diffèrent surtout des banques locales, en ce qu'elles opèrent dans une région plus étendue, et en ce qu'elles reçoivent seules directement l'avance de 40.000.000 et les redevances annuelles de la Banque de France ; elles s'en distinguent enfin, dans un sens général, par le côté principal de la nature de leurs opérations qui peuvent revêtir deux formes diverses :

« Leur objet, dit M. Méline dans l'exposé des motifs (1), « sera double : elles serviront d'abord à recevoir le papier « des sociétés locales réparties sur une certaine étendue de « territoire, le ressort, par exemple, d'une cour d'appel, et « feront en même temps les prêts directs et autres opéra- « tions dévolues aux sociétés locales de crédit agricole, dans « la limite des arrondissements où elles auront leur siège. « Les caisses régionales seront des *banques locales* dans

(1) Ch. des Députés (1897), annexe n° 2919.

« leur arrondissement, et fonctionneront, dans ce cas, « comme il est prévu par la loi de 1894, et des *banques ré-* « *gionales* chargées de centraliser les opérations des ban- « ques locales. »

C'est pour cette seconde fonction qu'elles sont véritablement créées. Elles répondent, en ce sens, à des besoins sérieux. Les caisses locales de crédit agricole, ayant besoin de capitaux quelquefois énormes, pour constituer leur fonds de roulement et pour garantir le remboursement des prêts, devaient s'adresser la plupart du temps aux banquiers. Mais ceux-ci exigeaient un intérêt fort élevé à cause de la longue durée des emprunts consentis par eux et de l'impossibilité où ils sont de réescompter le papier à échéance éloignée à la Banque de France ; il faut de plus pour que la Banque de France escompte les effets à elle présentés, que ces effets soient revêtus de trois signatures. Il y avait donc dans le fonctionnement des banques locales des difficultés réelles. L'objet des caisses régionales est de parer à ces inconvénients ; elles nous paraissent avoir comme telles trois genres d'opérations bien définis à accomplir : faire profiter les sociétés locales de l'avance de 40.000.000 et des redevances de la Banque, en prêtant à bon compte à ces petites sociétés — donner leur signature pour permettre à ces caisses d'escompter leur papier à la Banque de France ; — enfin escompter elles-mêmes ce papier. La plus importante de ces fonctions est sans contredit la dernière.

« Lorsque les petites sociétés locales, dit M. Viger, au « Sénat, ont besoin d'escompter leur papier, elles ont la

« signature de l'emprunteur et celle de la société, ce qui « forme deux signatures. Elles ont besoin d'une troisième « signature, à moins qu'elles ne gardent leur papier ; mais « alors leurs opérations sont limitées uniquement à l'ap- « port social. Elles ne peuvent pas le dépasser. Pour pou- « voir le faire, elles sont obligées de mettre en circulation « leur papier, de le passer aux banques ; or, pour le passer « aux banques, il faut payer des droits de commission ; la « caisse régionale sera surtout le banquier escompteur « des petites caisses locales de crédit. » En accomplissant ces opérations, les caisses régionales vont fédérer les sociétés locales, leur donner plus de cohésion, plus de solidité, leur permettre de se fortifier et de développer leurs si utiles effets ; elles sont un agent de propagation de ces sociétés vivant ignorées ou mal connues dans de petits milieux. « La discussion de la loi qui les établit a « été la dernière étape de ces longues discussions sur le « crédit agricole qui ont occupé tant d'années. Elle a « abouti, non pas à créer une façade brillante, sans pro- « fondeur, mais à permettre l'organisation d'œuvres fé- « condes, parce que la base en sera solide. Le rôle du Par- « lement est achevé ; il appartient aux syndicats agricoles « de se servir des ressources mises à leur disposition ; on « peut avoir confiance en eux et ils sauront prouver qu'ils « comprennent leurs devoirs (1). »

(1) Henry Sagnier, *Journal de l'agriculture*, 25 mars 1899, p. 442.

CONCLUSION

Il y a peut-être beaucoup d'optimisme, dans la pensée de l'auteur que nous venons de citer, quand il dit que « le « rôle du Parlement est achevé ». Certes, l'agriculture n'a pas cessé de souffrir, et nous ne pensons pas que l'application des lois sur les sociétés de crédit agricole, dans son développement le plus complet puisse remédier intégralement à la crise qu'elle traverse ; il y a des réformes encore urgentes et plus profondes à faire, notamment en matière d'hypothèque, de protection douanière et surtout d'impôt. Surtout d'impôt disons-nous, car c'est bien le paysan, l'agriculteur qui supporte la plus lourde part des charges toujours grandissantes du budget ; c'est donc son malaise, avant tous autres, qui doit attirer l'attention de ceux qui ont la charge du Gouvernement.

« Le sort des travailleurs apitoie bien des gens : des « hommes de cœur se sont donné la noble mission de « soulager ses infortunes ; des intrigants en ont fait le « marchepied de leur fortune politique. Diplomates, hom- « mes d'État, publicistes se sont occupés de cette grave « question, la question sociale. » « Mais encore une fois, « de qui s'agissait-il ? — du travailleur industriel ; les tra- « vailleurs agricoles ne tiennent aucune place dans ces « préoccupations philanthropiques. On s'est occupé d'as-

« surer les travailleurs (industriels) contre les accidents ; « n'y a-t-il jamais eu d'accidents dans les travaux des « champs (1) ? On dit avec raison que le paysan n'est ja- « mais satisfait : c'est vrai, il se plaint des récoltes qu'il « trouve médiocres, de la température qui est toujours « défavorable, du prix de ses denrées qui n'est jamais « assez avantageux ; mais jamais il ne trouvera la journée « trop longue ni la chaleur trop pénible : ce n'est pas lui « qui réclame la journée de 8 heures (2). »

A la campagne, la gêne et le travail pénible sont chose générale et habituelle. Le paysan ne voit qu'à de rares intervalles passer à ses côtés ces heureux de la vie dont l'orgueil offense et dont la béatitude fait envie. La haine jalouse n'est pas entrée aussi profondément dans le cœur de l'ouvrier de la terre, parce qu'elle a eu moins souvent des occasions d'éclater, parce qu'aussi peut-être, ce cœur est plus droit, plus simple, moins corrompu au contact d'âmes néfastes dont les funestes inspirations s'alimentent sans cesse du mauvais esprit qui abonde dans les réunions si faciles de la ville. Et voilà pourquoi, plus résigné parce qu'ignorant, plus porté à croire que les difficultés de l'existence sont grandes partout et les inégalités peu sensibles, voilà pourquoi le paysan ne fait pas encore entendre de sourdes revendications, pourquoi il ne connaît pas la grève et la révolution sociale. Est-ce une raison pour le sacrifier ?

(1) La loi sur les accidents de 1898 est encore exclusivement favorable aux travailleurs industriels.

(2) M. L. Durand, *Le crédit agricole en France et à l'étranger*, p. 38 et suiv.

et quelle classe doit-on favoriser ? Est-ce la classe remuante et révolutionnaire, ou celle qui pâtit sans se plaindre alors qu'elle en a si souvent le sujet. Il faut avoir vécu au sein de ces populations paisiblement laborieuses des campagnes, avoir partagé quelquefois leurs rudes et pénibles efforts quotidiens, trop fréquemment infructueux, pour bien apprécier toute l'étendue du soulagement qu'elles sont en droit d'attendre, et combien la pitié bienfaisante du législateur a de motifs de se tourner de ce côté.

Pour être juste en terminant, nous reconnaîtrons que celui-ci s'est beaucoup intéressé, en ces dernières années, au monde agricole. Les sociétés locales et régionales de crédit agricole dont il l'a doté sont insuffisantes à calmer toutes les souffrances, parce qu'elles sont imparfaites comme tout ce qui est humain ; elles peuvent cependant apporter quelque remède à la crise actuelle, si les agriculteurs savent en faire usage. Il convient de travailler de plus en plus à l'éducation économique du paysan, pour le mettre en mesure de se servir de ces institutions et de profiter des bons résultats qu'en attendait le législateur, en les plaçant à sa portée.

Vu :
Le Président de la thèse,
Paris, le 16 mai 1899.
E. THALLER.

Vu :
Le Doyen,
GLASSON.

Vu et permis d'imprimer :
Le Vice-Recteur de l'Académie de Paris,
GRÉARD.

TABLE DES MATIÈRES

Imp. J. Thevenot, Saint-Dizier (Hte-Marne).

www.ingramcontent.com/pod-product-compliance
Ingram Content Group UK Ltd.
Pitfield, Milton Keynes, MK11 3LW, UK
UKHW020319230726
13925UKWH00002B/516

9 782013 651332